# 如何做一个成年人

心理和灵性整合的14堂课

## A Handbook on Psychological and Spiritual Integration

HOW TO BE AN ADULT

［美］大卫·里秋（David Richo）著

马向真 杨涵 译

中国青年出版社

## 图书在版编目（CIP）数据

如何做一个成年人：心理和灵性整合的14堂课 /
(美)大卫·里秋著；马向真，杨涵译. -- 北京：中国
青年出版社，2024. 9. -- ISBN 978-7-5153-7382-9

Ⅰ. B84-49

中国国家版本馆CIP数据核字第2024CX0209号

Original title: How to be an Adult: A Handbook on Psychological and Spiritual
Integration
Copyright © 1991 by David Richo
Published by Paulist Press
997 Macarthur Blvd,Mahwah, New Jersey
Simplified Chinese edition copyright © 2024 China Youth Book, Inc. (an imprint
of China Youth Press) .
All rights reserved.

## 如何做一个成年人：心理和灵性整合的14堂课

作　　者：[美]大卫·里秋

译　　者：马向真　杨　涵

策划编辑：丁　兴

责任编辑：于明丽

美术编辑：丁　兴

出　　版：中国青年出版社

发　　行：北京中青文文化传媒有限公司

电　　话：010-65511272 / 65516873

公司网址：www.cyb.com.cn

购书网址：zqwts.tmall.com

印　　刷：大厂回族自治县益利印刷有限公司

版　　次：2024年9月第1版

印　　次：2024年9月第1次印刷

开　　本：880mm×1230mm　　1/32

字　　数：107千字

印　　张：5

京权图字：01-2023-3822

书　　号：ISBN 978-7-5153-7382-9

定　　价：49.90元

# 唤醒内心沉睡的魂灵

在一个总有更多东西要看的世界里，我们的目光变得愈发敏锐。

——哲学家德日进（Teilhard de Chardin）

这是一本讲述如何做一个成年人的指南。你或许会注意到这本书的两个主题：成为一个强大的成年自我，并超越这个自我，以释放自性的灵性力量。这就是荣格心理学自性化中的"自我/自性的轴心"（见第12章）。这是一段通过承担起成年人的责任，来摆脱毫无意义的习惯，以实现灵性觉悟的英雄之旅。完全的成年包括心理健康和灵性。

心理健康有赖于能够以负责任、快乐和自我实现的方式经营自己的生活和人际关系。灵性意味着积极地回应当下，而不带自我依附。

在多年的心理治疗实践中，我得出了这样一个结论，即无条件的爱是情绪和精神健康的基础，而快乐、成熟的人在顾及自己的同时，也不知不觉中掌握了不吝同情的诀窍。在这本简明扼要的手记中，我想呈现的是自己从专业和生活两方面对这一过程的观察。

由于本书的内容高度浓缩，因而我建议每次读一点即可，思索其中的一些句子或者引文。切勿匆匆而过，而要边读边想，这或许有助于你探索未知的人生。伴侣们可能会喜欢大声朗读书中的某些章节，然后讨论彼此的反应。心理咨询的来访者可能会发现这本书相当于一份清单，列出了他们在心理疗愈过程中需要做出改变的方面。

我们每个人的内心深处都沉睡着各种"魂灵"：从未得到解决的隐秘问题、从未释怀的旧日伤痛、猜疑、自我怀疑、被驱散的渴望、不可言说的意义。这本书中的某些内容可能会召唤出这些"魂灵"中的某一个。然后，它就会从沉睡中醒来，并开口说话。这一过程会以一种顿悟，一种从未得到承认的联结，一种点燃内心连锁反应的感觉，一种当一切终于步入正轨时令人愉悦的"咔嗒"声的形式出现。你正在倾听许久以前被剥夺了权利的那部分自己的表态。当这一切发生时，把书放在一旁，满怀喜悦地聆听那部分自己所发出的不可抑制的赞许之声。

> 这音乐从我身边悄然掠过水面。
>
> ——莎士比亚戏剧《暴风雨》（*The Tempest*）

# 目录

**引言** 实现转变的英雄之旅 **007**

**第一部分 自我修行** **017**

01 成长的痛苦与成长 019

02 自我坚定的技巧 033

03 恐惧：成年期的第一重挑战 045

04 愤怒：成年期的第二重挑战 053

05 内疚：成年期的第三重挑战 061

06 价值观与自尊 067

第一部分总结：一个健康成年期的宣言 071

**第二部分 关系问题** **075**

07 个人边界 077

08 亲密关系 085

第二部分总结：亲密关系中的成年人 107

# 第三部分 整合 111

09 灵活整合的艺术 113

10 与阴影为友 119

11 梦与命运：在黑暗中看见 125

12 自我/自性的轴心：心理和灵性相会之处 133

13 无条件的爱 141

第三部分的总结：我的宣言 147

# 第四部分 心智成熟之道 151

14 如何展现你的完整性、爱与善意 153

# 实现转变的英雄之旅

当你不再为欲望或恐惧所驱使……当你在时间的所有形态中看到永恒的光芒……当你追随自己的福佑……一扇扇门就会在你意想不到的地方打开……世界就会走进来帮助你。

英雄和他最终的神祇，追寻者和被发现者，因此被理解为单一的、自我镜像的神秘外在和内在，而这个奥秘与显现世界的奥秘是相同的。英雄的伟大事业就是认识到这一多重性中的统一性，然后将其公之于众。

——神话学家约瑟夫·坎贝尔（Joseph Campbell）

## 自我与心理修行

我们有意识生活的中心称作"自我"，它有两个并存的特征：

一个是自我的正常运转，它体现在我们做出理智评估和判断的能力、恰当地表达感受的能力，以及与他人灵活相处的能力，这些都是有着强有力依据的启动原则。

当自我陷入依附、沉迷、二元对立和主观评判时，它就会变得神经质，这是自我的另一个特征。然后，自我就会表现出恐慌、控制、期望、夸大感受，并自命不凡地认为有权享受特殊待遇。这种欺骗给了神经质自我以力量，让我们陷入困境。心理健康意味着越来越多地以正常自我的状态生活，同时通过心理修行释放和转化神经质自我的能量。

心理修行有很多种形式：自我坚定、经历审视、哀悼失落、躯体疗愈、改变行为逻辑、建立自尊、情绪宣泄、处理梦境以及生活方式重塑等。当我们准备好进行心理修行时，这种修行就会带来顿悟和改变。我们可以相信，我们只会看到自己真正准备好去面对的东西。一种心灵与境遇之间充满爱的平衡，让我们只在有能力进行心理修行的时候才会知道我们的修行！

## 自性与灵性修行

我们整个心灵（包括意识和无意识）的核心就是自性。自性是我们的内在原型整体，在各种与自我对立的力量之间创造一种持续的平衡。例如，正是自性最终调和了努力与不费力、伤害与原谅、控制与屈服、冲突与接纳、关注缺点与无条件的爱。自性之所以如此，源于其纯粹的无条件性，即包容一切的爱。

灵性修行意味着，在我们的品格和行为中，具体展现这种存在于我们内心中的、不可动摇且充满热情的无条件的爱。

自性永远是完整且完美的。通过心理修行，我们得到了改变。通过灵性修行，我们得以直面内心世界：我们在有意识的日常生活中表现出我们内在的完整性。正如荣格所言，"了解到我们被那无处不在的、从理性上无法破解的奥秘所包围是一种治愈性的发现……逻辑可以无视种种心灵事实但无法将其泯灭。"

灵性修行涉及一系列练习，这些练习不是达到目的的手段（如自我的修行），而是经过时间检验的条件，使我们适合于转变，但并不保证结果。这些能微妙地发挥作用的练习有：冥想、身体规训、想象、感受诗意、探索原型梦、举行仪式、关注内在智慧，以及关注有意义的巧合或心灵感应。

英雄的故事讲述了一种旅程，他们从家出发，跨过各个危险的门槛，进入新的、未曾探索过的领域，然后带着扩展的意识回到家中。这段旅程的三个阶段——启程、奋争、回归——象征了我们从神经质自我到健康自我再到灵性自性（spiritual Self）的发展过程。神经质自我坚持要掌控一切，害怕那个对"是什么"做出肯定回答的自性的出现。自我对自性的恐惧是有条件性对无条件性的恐惧。具有讽刺意味的是，这是对无所畏惧的恐惧！自我一次又一次地破坏我们的整合！

我们放下对幻觉的依附，即为启程。我们努力在个人方面和人际关系方面，使自己变得清醒和负责，即为奋争。我们以更高的觉悟认识到我们真正的自我认同是无条件的爱，即为回归我们原本的完整性。

**启程让我们摆脱恐惧，奋争让我们实现整合，回归让我们发生转变。**

在本书中，我们通过处理童年的戏剧性经历、自我坚定（表达自己的诉求、明确自己的想法并为自己的感受负责）、应对恐惧、愤怒和内疚、建立自尊、维护个人边界、建立真正的亲密关系、灵活地整合自己以及与我们的阴影交朋友，来探索启程与奋争。

所有这些历程都可以赋予我们力量，让我们摆脱恐惧的、依附的自我的束缚，跨过门槛，进入有意义的成年生活。然后，我们带着强大的自我（能够应对恐惧和欲望），实现一种自我的超越，使我们无条件地爱。因此，我们的旅程就是从恐惧出发，经由力量，抵达爱！

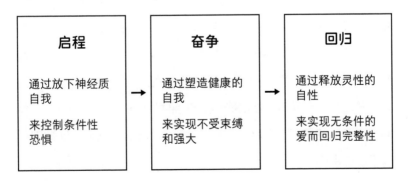

## 启程与奋争

当我们强烈地想要抓住那些我们误以为会让我们快乐或保持快乐的东西时，我们就会受到自我的束缚。接着，我们就会觉得自己必须继续控制我们辛辛苦苦争取来的东西。

要想摆脱这种束缚，首先要放下自我的如下幻觉：

1. 我是一个独立于周围一切的实体。只有自我才会有这种二元性视角。随着我在觉悟上的进步，我喜欢另一种视角（源于我的灵性自性），从这个视角只会看到明显对立事物之间的统一与结合。

自我视野中的二元性使我将无缝的现实混淆成非此即彼、好与坏、我和他们。这是对抗性冲突的根源，也是要求他人改变以符合我的完美模板的根源。

2. 从这种二元性中产生了第二种幻觉，即有某种东西可以满足我的渴望和需求，并且这种东西可以永远存在。主体/客体的二元论因此导致了浮士德式的错误，即某人、某地、某物、某种信仰等，可以让我们免于面对那些任何成年人都要面对的变化和各个阶段的挑战。这种幻觉让我们误以为福佑是一种商品，可以得到、失去、找到、赢得，抑或占有。

当我们放下这种幻觉时，我们就会认识到，福佑就在我们身边，就在此时此地，而非彼时彼地。唯一不可思议之处在于我们一直感知不到。

一旦我们与自己生活中真实的人和环境建立起联系，我们就会发现自己内心的兴奋，正如阿娜伊丝·宁（Anaïs Nin）在她的小说中所写，"每天，实实在在的爱抚取代了那虚无缥缈的恋人"。

3. 我们接下来要做的是放下为了生存而掌控一切或需要掌控一切的幻觉。我们害怕内心和周围可能发生的变化。我们害怕经历或面对难以承受的感受。我们害怕失去认可，而无法活下去——就像童年那样。**事实上，我们所有的恐惧都是对成年的恐惧，是对正视并非由我们引导或选择的现实的恐惧，是对顺其自然的恐惧。**实际上，当我们输入"我正在或我可能正在失去掌控"时，我们的情绪屏幕上就会显示"恐惧"。

我们不会主动放弃掌控。通常，必须发生一些事情，无可置疑地向我们展示我们无法掌控一切。在这种自我崩塌的状态中，我们最终会放下。因此，巨大的失落是必要的失落，就像丢弃的沙袋可以减轻热气球的重量，使其能够升得更高。

4. 最后一个要放下的幻觉是"应得的权利"，这是一种时间上错位的信念，即认为作为成年人，我们仍然可以得到像婴儿时期那样的照拂。我们可能会误以为，每个人都应该信任我们，带着爱和尊重来对待我们。当我们意识到他人并没有把我们的意愿当回事儿，对我们另眼相待，以及无条件地爱我们时，我们就会变得愤怒。我们可能会对任何人抱有这种信念，从我们的亲密伴侣到在高速公路上超我们车的司机。

放下这种信念就是坦然接受上天给我们一手好牌或坏牌。就像《哈姆雷特》中所写，"命运的摧残和恩宠，你都受之泰然。"这是一种谦卑，承认人的每一种可能出现的情况都是合理的。面对种种生存状态，我们"应得的权利"变成了谦卑。我们甚至可以相信，种种境遇和危机会帮助我们前进，只要我们将它们整合起来，而非将其阻断。以下举例说明我们可以做出的选择。

| 我接受： | 我以如下选项来整合它： | 或者我以如下选项来阻断它： |
|---|---|---|
| 失去 | 哀悼 | 否认、指责、后悔 |
| 被拒绝 | 哀悼并将其作为信息 | 失去自尊或报复他人 |
| 我犯的错 | 补救 | 推卸责任、掩盖真相或不思悔改 |
| 疾病 | 寻求疗愈之法 | 否认或绝望 |
| 天灾 | 重建 | 扮演受害者角色 |

## 努力与恩赐

在英雄的故事中，召唤我们踏上旅程的形式是一种失落、一种颓丧、一种失误、一种伤痛、一种无法解释的渴望，抑或一种使命感。当这些事情发生在我们身上时，我们就被召唤去完成一次转变。这总是意味着要放下一些东西，但正如中世纪哲学家爱克哈特大师（Meister Eckhart）所言，"一切都注定会失去，这样灵魂才能立于不受阻碍的虚无之中。"这里的矛盾之处在于，失去是通往获得的道路。与召唤相配合的是，放下幻觉，并通过个人努力整合发生的一切。对于我们人类来说，这是一个多么巨大的困境：我们的任务是在放下的同时还要抓住！但是，每一个为这种矛盾而努力的英雄都会得到上天的眷顾，这是恩赐的象征，而不是由我们自身做出的指引，这是一种无法以意志为转移的力量。觉悟可以让种种恩赐显现出来，以赋予我们新的、足够强大的力量，以应对我们接受的每一个挑战。这些恩赐在心灵层面上相当于物理演变中的"量子跃迁"。如此一来，我们的努力就可以通过一种毫不费力的转变向前推进。这种巧妙的结合恰恰定义了真正的英勇，即努力经受住痛苦，并在痛苦中自发地转变。这样，我们就不会像荣格所提醒的那样，"被命运拖着走向了那个我们原本可以昂首挺胸走向的那个终究逃不过的目的地。"

## 带着光明归来

回归就是实现我们的命运：在有意识的生活中表达我们内在的无意识力量。神经质自我已经发挥作用，而我们现在应该为灵性自性效劳。这种自性并不独特，也不独立，在每个人身上并无区别。我们带回家的礼物就是自己领悟到人性与天性的合一。哲学家肯·威尔伯（Ken Wilber）说："在那无限意识的永恒光芒之下，我们想象中孤立的自我，在这里和宇宙融为一体。"

这种领悟让我们的爱变得博大且无条件。现在我们明白了，爱才是我们超越自我的真正本体。就像所有的英雄之旅一样，我们的修行最终在我们开启这段旅程的地方结束了！禅宗诗人白隐慧鹤对此做了完美的总结："众生本觉者……处处皆净土，此身即觉者。"

就像奥德修斯一样，我们离开了故乡伊萨卡岛那熟悉且舒适的一切，以为我们的旅程是奔赴特洛伊，却发现在那里的奋争只不过是一种策略，让我们以老练、智慧，且有真正王者之气的样子回家。

就像回头的浪子一样，我们离开了父亲的房子中那熟悉的生活，以为我们的旅程是去一个遥远的国度，却发现原来是一条带我们回家的路，但这一次，我们能够给予和接受一种闪闪发光的、无条件的爱。

> 奇迹……并不在于……治愈的力量突然从远方来到我们身边，而在于我们的知觉变得更加敏锐，让我们的眼睛一瞬间看到……我们身边一直存在的东西。
>
> ——作家威拉·凯瑟（Willa Cather）

本书的每一章都涉及并整合了英雄之旅的三个阶段。尽管如此，各章还是按照三个主题的主要侧重点来安排的。

**第一和第二部分**（1~8章）涵盖了第一个主题和第二个主题：从神经质自我到正常自我的启程和奋争。

● 心理修行的个人层面：1~6章。

● 心理修行的关系层面：第7章和第8章。

**第三部分**（9~13章）探讨了第三个主题：带着扩展的灵性意识回归完整性。

**尾声部分**（14章）列出一个心智成熟者的44条处世之道。

# 第一部分
# 自我修行

Part One

Personal Work

## 01

# 成长的痛苦与成长

我们离开的家，我们建立的家，我们治愈的家：我们的童年经历如何影响我们在成年阶段的亲密关系。

## 基本需求

我们有着与生俱来的不可剥夺的情感需求，如爱、安全、接纳、自由、关注、对我们种种感受的认可，以及拥抱。健康的自我认同建立在满足这些需求的基础之上。温尼科特说："婴儿只有当获得拥抱时……才能承受或冒险承受'我是'的时刻。"爱是我们自我认同的起源。

尽管我们可能无法时刻在理智层面上意识到这些需求，但在细胞层面上对这些需求的感知和记忆会贯穿我们一生。我们最初在依赖他人的生存环境中体验到这些需求。然而，在成年以后，我们可能仍然觉得，我们的生存建立在找到某个人来满足我们的基本需求的基础之上。

但是，生命早期的原始需求仅在童年阶段才能得到完全满足，因为只有那时的我们才完全依赖他人。成年后，这些需求只能弹性地或部分地得到满足，因为我们是相互依赖的，我们的需求不再与生存相关。

## 童年阶段大部分需求得到满足的成年人……

- 对关系中需求得到满足而相应获得的收益感到满意。
- 知道如何无条件地去爱，并且决不允许关系中存在虐待或僵持。
- 将信任之源从他人身上转移到自己身上，以便当他人表现出忠诚时，自己就能收获忠诚，而当他人背叛时，自己就能应对失望。

## 童年阶段大部分需求未得到满足的成年人……

- 夸大需求，以致变得不知足或沉溺于需求。
- 制造情境，来重现自己最初所遭受的伤害和拒绝，并且寻求那种可以刺激和维持种种自虐念头的关系，而非反抗和解除此类关系。
- 拒绝关注自己受到多大的虐待或多么不快乐，并以希望改变或应对不变为借口。

- 隐藏自己的感受。"如果对我来说唯一安全的事就是让我的感受消失，我现在怎么可以为了得到他人的爱而允许自我暴露，并袒露自己的脆弱呢？"

- 重复童年时的错误，把负面关注等同于爱，或将神经质的焦虑等同于关怀。

- 害怕接受他人真诚的爱、自我袒露或慷慨。实际上，当下的自己无法接受当初未能得到的东西。

## 内在小孩

我们的问题不在于童年阶段的需求未得到满足，而在于成年后的这些需求仍未得到哀悼！那个经历了伤痛、失落和背叛的孩子仍然活在我们内心，他渴望为自己错过的东西哭泣，以此来放下痛苦，并从当下关系中令其感到压力巨大的需求中解脱出来。事实上，需求本身并没有告诉我们需要从他人那里得到多少；它告诉我们，我们需要为那不可改变的贫乏过去而哀悼，并唤起我们自身内在的抚育之源。

## 真/假我：无条件/有条件的自性

我们那拥有自由能量、冲动、感受和创造力的真我，可能会吓到我们的父母。毕竟，他们可能在自己的童年阶段也曾受过伤，并且从未接受过这一事实。他们教导我们如何按照他们充满恐惧的规范行事。其中一些带来了合理的社交，而有些则对我们的自我认同造成破坏。

于是，我们设计了一个"假我"，既能得到父母的认可，又能维持自己在家庭中的角色。我们觉得只有处于这些界限以内才有安全可言。这些界限成为长期存在的行为习惯和模式，从那时起，就一直限制着我们。虽然这些界限是种种源于智慧的选择，但现在可能不再符合我们的最大利益。这些界限往往取悦了他人，而贬低了我们自己。儿童心理学家爱丽丝·米勒（Alice Miller）写道："我通过煞费苦心地自我篡改所获得的爱，并不属于我，而属于那个我为取悦他们而创造出来的假我。"

一旦我们为这种失落而哀悼，就会释放出隐藏在自己内心世界中闲置的和未显露出来的特质，并随后注意到我们对自己的感觉好了很多。我们如释重负，甚至发现人们更爱我们了。

对展现真我的恐惧被伪装成这样的话语："如果人们真的了解我，他们就不会喜欢我。"我们可以把这句话改成：**"我有足够的自由让我的一言一行展现真实的我。我喜欢让人看到真实的我"**。

## 成年阶段的亲密关系

我们每个人在童年都以不同的方式感受过爱。对一些人来说，爱意味着受到重视，对另一些人来说，爱意味着关注、拥抱、给予、帮助以及忠诚等。并不存在一种适用于所有人的表达爱的客观方式。爱是主观的：每个人都能用自己所掌握的语言来理解爱。思想家爱默生说："我们用亮色在记忆中标记我们与灵魂为数不多的几次会面，这些会面让我们的灵魂更加睿智，说出我们所想的，告诉我们自己已知的，以及允许我们做自己。"

作为成年人，当有人为我们真切地还原出我们很久以前得到的那种原初之爱时，我们就能感受到对方真心爱我们。**在亲密关系中，当双方都清楚自己感受爱的具体方式，并告诉对方时，两个人之间的关系就能以最佳状态运转**。如此一来，双方对爱的表达就能根据彼此的独特需求来量身定制。最终，我们就能敞开心扉，以新的方式去感受爱，从而扩展以前存在局限的方式。

当然，如果某人只是碰巧触发我们感受爱的特殊方式，并且没有意愿以后继续这样做，我们也可能会受诱惑去相信对方真心爱我们。

虽然对爱的渴望永远没有错，但要求任何其他成年人来满足我们对爱的原始需求既不公平也不现实。我们大多数人从小到大都带着有意识和无意识的心灵创伤，以及未完成的情感事务。我们未完成的事情注定要重演。未得到治愈的童年创伤会在我们成年后变成令人苦恼的种种刺激。我们对"完美伴侣"的幻想，或者我们在一段不会改变或离开的关系中的失望，抑或在我们关系中不断出现的刺激，都揭示了我们所特有的未得到处理的原始创伤和需求。我们拼命想从他人那里得到自己曾经错过的东西。然而，错过的东西永远无法得到弥补，所能做的只有哀悼和放下。只有这样，我们才能作为成年人与他人相处。正如爱默生的诗作《为爱牺牲一切》（*Give All to Love*）中结尾的一句，"半人半神走了，神就来了。"

心智成熟的成年人不会受到亲密关系中那些负面刺激的吸引。人们尝试利用这种刺激来解决自己那些尚未得到解决的童年难题。但具有讽刺意味的是，这种尝试只会重现童年的戏剧性经历。只有个人的内在责任和哀恸治疗才能让童年的创伤最终落下帷幕。

我们的身体记住了童年的恐怖或虐待场景，而这种牢固的记忆其实是对保密的承诺。我们现在无法有意识地回忆或讲述曾经发生了什么。我们在关系中的各种本能反应为我们提供了线索，同时也让我们感到困惑。"为什么当她靠近我时，我会逃离？这种亲近在很久以前对我来说是危险的吗？然而，我的内心告诉我，我一直渴望感受这样的爱……"

这可能需要很多年的时间，以及合适的环境或人，我们才能获得一个释放的契机，让我们了解并用语言讲述自己的故事。当这种情况发生时，各种记忆就会涌现，同时我们第一次听到自己讲出自己的故事。这种深刻的释放可以引导我们进入哀恸治疗那沉重而又治愈的状态。

心智成熟的成年人能够分辨出，当下自己与伴侣之间的冲突与过去未得到解决的痛苦再次被激发之间的区别。种种强烈的感受会让他们意识到过去刺激的存在。他们坦率地承认这些感受似曾相识。他们对自己强烈的反应负责，并且不把眼前人牵扯到解决过去遗留问题的过程中去。如此一来，他们就把当下的压力转移到了最初的痛苦之上，从而努力解决"原因"，而非"结果"。

我们在成年人关系中的困境是如此令人同情，又令人困惑！实际上，我们陷入了一种矛盾状态，既想抓住，同时又想放下！我们如此热切地渴望抓住我们每一个细胞都记得的爱，那不断为我们带来抚慰的爱。我们又如此迫切地渴望放下每一个细胞都记得的伤痛，那不断对我们造成伤害的伤痛。一种运转中的亲密关系是一种磨炼。我们可以从当下接受的爱中得到抚慰，也可以从曾经遭受的痛苦中走出来。

当下的爱和痛苦与过去的爱和痛苦直接相关。一旦我们承认自己的状况具有连续性，我们就能清楚地看到自己的个人修行。一段亲密关系——尤其是成年后的第一段亲密关系——可以让我们处于完成这种修行的最佳位置。我们的伴侣会激发我们的爱和伤痛，然后——以最佳方式——支持我们对它们做出健康的回应。如果我们逃避爱或共同生活中的正常伤痛，我们会失去很多。我们会失去与自己过去经历的联系，也会失去治愈它的机会，还会失去利用当下的机会，因此我们要走出过去，活在没有羁绊的当下。

## 哀悼与放下

> 最初的一杯痛苦，最终变成了不朽的美酒。
>
> ——《薄伽梵歌》

哀悼是对失落的正常反应。哀悼可以经历以下阶段，但顺序和时间因人而异。

**第一阶段** 回忆我们曾看到过的和/或感受过的任何痛苦、抛弃、背叛或虐待。这种回忆不必是对所发生事情的具体回忆。我们的身体比我们的大脑记得更清楚。只要能感受到缺失或失落就足够了。

**第二阶段** 充分承认、体验和表达感受（如伤心、难过、愤怒、恐惧），以实现宣泄和解脱。眼泪只能表达难过，却不能化解难过，这对完成哀恸治疗无济于事。

我们可以直接向相关的人表达我们的感受，或在治疗过程中讲出来，抑或讲给自己听。在此时及整个哀悼的过程中说出"再见"这个词非常重要。

背叛、抛弃、拒绝、失望、羞辱以及孤立等都不是感受，而是看法。每一种判断都让我们沉溺于自己过往的经历之中，对失落这一基本事实却视而不见。每一种判断都是一种不易察觉的指责。每一种判断都是对我们受伤害自我的安慰、纵容以及合理化。每一种判断都会干扰我们对哀悼的真实感受。抱怨使哀恸治疗脱离本意，而不带指责的愤怒则会让哀恸治疗顺利完成。

**第三阶段**  通过带着（对我们的父母和我们自己的）同情和力量重新经历记忆来治愈记忆。通过想象自己勇敢地站出来对虐待发出抗议，来治愈记忆。这包含对哀悼中各方面合理感受的六重确认。

### 以下是治愈记忆的模板

1. 带着难过和愤怒回忆一种失落。"失落"包括任何具体的需求得不到满足，抑或任何虐待、侮辱、拒绝或忽视。

2. 我感激由此开始学会通过依靠自己来弥补这种失落。记住并祝贺自己发现了一些关怀童年时期自己的明智方式。在这里，我们承认创伤对我们是有回馈的，因为背叛和伤害尽管永远无法被合理化，却是每个人在成长过程中所必须经历的，正是这些经历帮助我们学会分离，以及培养敏感度、深度、坚韧、自立和共情能力。约瑟只有经历被他的兄弟们背叛，才能实现他的美好命运。

3. 想象一下自己在童年时坚定且有效地表达意见。想象一下自己童年时的家庭，以及一个自己被虐待或忽视的场景。现在，想象一下自己在过去的那个场景中，表现出充分的自我坚定和成功的自我保护。**这就是带着力量并且自己不再作为受害者的重新经历。**

4. 原宥父母。这种不由自主生出的同情标志着我们已经解决了自己的情感事务。只有在表达了愤怒和难过之后的原谅才是真正的原谅。存在主义哲学家保罗·蒂利希（Paul Tillich）说："原谅是遗忘的最高形式，因为这是在记得的情况下选择忘却。"

5. 现在，不再期望他人来满足自己的需求。

6. 现在，就像想象中自己在童年时所做的那样，充分地顾及自己的需求。

**下面是一个可以说出来和写出来的六重确认的例子：**

- 我为我的父母没有为我挺身而出而感到难过和愤怒。
- 我感激由此开始学会为自己挺身而出。
- 我想象自己在童年时能充分地表达意见。
- 我原谅我的父母没有为我挺身而出。
- 现在，我不再期望他人为我挺身而出（尽管当他们这样做时，我会表示感激）。
- 现在，我可以有力且有效地为自己挺身而出。

**第四阶段**　通过某种仪式表明我们在哀恸治疗中感受到了什么和完成了什么。这种仪式可以是任何一种表达我们的意图或纪念我们的收获的形式。举个例子：把整个疗愈过程写在纸上，然后烧掉，再用灰烬种一棵树或一盆花，并道一声"再见"。将你的哀悼过程提炼成一系列确认话语，把这些话写在纸上，然后烧掉，再把灰烬埋起来也很有效。

**第五阶段**　继续我们的生活，不再作为那无可改变的过去的受害者，而是作为已经产生了"内在的慈爱父母"的成年人。现在，我们不再害怕善待自己，不再害怕充分满足自己，不再剥夺自己，不再吸收痛苦。**这种自我抚育是实现真正亲密关系的绝佳条件，因为就像所有好的养育方式一样，它是一座从孤独通往关系世界的桥梁。**它结束了依赖，使我们能够与自己的成年伴侣平等相处。现在，"需求满足"变成了"充实"。只有那些能够顾及自己的人，才能摆脱成年关系的两大障碍：渴望被需要和照看他人。作家梭罗曾说过："朋友，当我不再需要你时，我会来找你。到那时，你会发现一座宫殿，而非救济院。"

哀恸治疗的真正力量延伸至过去和当下。每一个需要得到哀悼的问题都涉及两个方面：你过去所经历的失落或忽视，以及可能源于最初伤痛的终身习惯。

例如，你为童年时父母拒绝倾听你的心声而哀悼。现在，在成年生活中，你发现自己仍然对大多数人隐藏自己的感受。这种自我隐匿可能是你对父母所发出的最初禁令持续一生的过度反应。当初，你的父母害怕了解你，现在，你害怕让他人了解你。

只有当下得到治愈时，过去才会得到充分哀悼。事实上，那些被过去的伤痛束缚住的能量，终于可以重新投入到新的生活方式中。继续我们的例子：你现在选择向越来越多的人表露自己。你不再隐匿自我，并发现自己仍然可以活得很好。有些人会因为你敞开自我而拒绝你或背叛你，而有些人会比以前更爱你。但他们的反应并不重要，因为你的恐惧已经变成了弹性。现在，你已经清除了那艘早已驶过的船的尾迹，并用已得到治愈的过去所带来的新力量，治愈了伤痕累累的当下。

## 一生的修行

上述模式适用于任何哀悼领域。哀恸治疗适用于我们失去或遗留的一切，其正常阶段包括：愤怒、否认（不相信）、讨价还价、抑郁和接纳。在我们的一生中，这些阶段会以不同的顺序反复出现，但每一次出现所带来的消耗性冲击越来越少，为我们带来的力量越来越多。最终只剩下怀旧之情，一种没有痛苦和难过的淡淡感伤。最后，我们掌控了自己的过往——不再受其驱使或占据。

心智成熟的成年人会通过哀悼伤痛，因而放下伤痛的方式来让过去的创伤性事件成为中性的事实。通过这种方式，一个人保留了记忆，却放下了那些引起强烈情绪反应且无法摆脱的念头。这些念头会让人一直沉浸在戏剧性经历之中，并破坏健康的关系。然而，无论我们哀悼得多么彻底，我们对失落的认识都会不断上升到一个新的层次。从这个意义上来说，哀悼是我们一生的修行。

## 结　论

哀悼驱散了我们可能怀有的幻想，以及我们可能保守的关于童年的秘密。起初，这似乎很可怕。不过，当哀悼按照我们的节奏发生，并在哀恸治疗的背景下进行时，它就会成为深度的释放。**一旦我们允许自己经历彻底的幻灭，我们就再也不会感到绝望。**

对于失去我们曾经拥有的东西，或悲哀地意识到我们并未拥有我们所需要的一切，"哀悼"是一种适当的反应。我们哀悼的是自己的失去中无法挽回的一面，以及自己的错过中无法替代的一面。只有这两种领悟才能让我们化解悲伤，因为只有这两种领悟才能让我们承认而非否认我们曾经或现在所真正失去的。在深刻领悟到某些东西已经不可逆转地结束和消失的深渊中，我们终于放弃从父母或伴侣那里重新找回这些东西。寻找它就等于否认了它的彻底缺失！

有意识地进行哀恸治疗可以建立自尊，因为哀恸治疗向我们展示我们可以勇敢地接受失落这一现实。哀恸治疗让我们成为能够正面面对难过、愤怒和伤痛的成年人。这种对自身真相勇敢的接纳，可以将空虚转化为能力。正如荣格所言，"只要你愿意接纳，你内心的空虚也隐藏着同样巨大的充实。"

我们的心理修行就是从个人无意识的混沌状态，走向一以贯之的有意识整合的旅程。然后，我们的灵性之路会将我们带向宇宙（集体）无意识的宝藏和彻底的自性化。我们生活中的一切，无论多么糟糕，都与内在的治愈力量相关联。荣格告诉我们："与父母一起在许多阶梯上上下下的旅程，代表了……这种个人无意识必须首先得到处理……否则，通往集体无意识的大门就无法打开。"

我们作为成年人的心理–灵性修行是一场英雄之旅，因为**任何经历过痛苦并因此而转变的人都是英雄**。在有关英雄早期生活的神话中，一个普遍的主题是他们受到威胁、伤害或排挤。但是，正如荣格分析师玛丽–路易丝·冯·弗兰茨（Marie-Louise von Franz）所指出的，"那些神圣的孩子总是可以自然而然地逃脱。这是黑暗对已经如此强大的事物的最后一次爆发，这种事物虽然刚刚降生，却再也无法被压制。"

那些在童年阶段完整性没有遭到破坏，并且受到父母保护、尊重和真诚对待的人，无论在青年阶段还是成年阶段，都会成长为聪慧、热情以及富有同理心的人。他们会享受生活的乐趣，不会觉得有任何必要去伤害甚至毁灭他人或自己。他们尊重和保护比自己弱小的人，包括他们的孩子，因为这是他们从自己的经历中学到的，也因为这些认识（而非残酷的经历）从一开始就储存在他们的内心。由于他们不必在幼年时就把抵御威胁作为无意识的生活任务，因而他们在成年后就能更理性、更有创造力地应对威胁的企图。

——爱丽丝·米勒

# 02

# 自我坚定的技巧

对于那些学会了放下和顺其自然的人来说，再也没有什么能阻挡他们。

——爱克哈特大师

**自我坚定是一种个人能力，可以：**

——明确自己的感受、选择和计划

——表达自己的诉求

——为自己的感受和行为负责

## 有益的原则

从以下原则中，我们可以看到如何从旧习惯向新的行为方式转变。我们要注意和摒弃那些代代相传的无效行为，从而创造性地承担起成年人的责任。

**原则1** 在生命的早期阶段，你得到的教导是以下这些做法不合规矩：

——表露自己的真实感受

——公开给予和接受

——直接表达诉求

——讲出自己的观点

——顾及自己的利益

——拒绝接受自己不想要的东西

——表现出自己似乎当之无愧的样子

这些都是阻止我们获得力量的禁令，并且在某种程度上，只要我们内化了这些禁令，我们就会削弱自己的力量，限制我们成年后的能力。我们的完整性之旅就从这样一个受伤之处开始。

**原则2** 起初，当你表现得坚定自信时，你可能会认为自己自负、冷漠、小气、不礼貌、自私或苛刻。

这些消极的判断来自内心的批评者（通常形成于生命早期）。不要试图驳斥或根除这种声音，只需通过假装你好像配得上自己的渴望和需求，来覆盖这种声音即可。行为可以改变态度。渐渐地，这些内心的批评者会被我们无视，进而闭嘴，而我们的自尊也会随之绽放。

**原则3**　自我坚定的实践意味着"假装"。假装你好像已经是心智极为成熟的人那样去行动。不要等到你自我感觉更好了，或者等到你相信自己能够做到了再去行动。假装你好像已经做到了自我实现一样去行动，你的信念也会相应地跟上来。在你恐惧的时候行动，而非等到你不再恐惧之时。**如果什么事都等到绝对能做到了再去做，那么我们能做的事就很少了。**

"假装好像"（Acting as if）法是一种游戏的形式，将对比和对立很好地结合在一起。当我们假装自己好像已经比想象中更出色时，我们就是在创造性地处理旧的、习惯性的自我形象，迎接一个我们渴望展现的新的自己。当我们"假装好像"时，这个新的自己就在我们想象中形象的鼓励下诞生了。

**原则4**　自我坚定在于坚定地表达自己的诉求，然后，如果遭到拒绝，那就放下。你在"始终如一的坚持"和"顽固不化的坚持"之间保持平衡，而后者会让他人觉得是一种恶习。被动的人不会表达自己的诉求。强势的人会通过（公开地）要求或（秘密地）操纵来得到他们想要的。坚定自信的人只会表达诉求，而不会压抑自己，更不会强迫他人。

**原则5**　你的自我坚定可能会被他人理解为咄咄逼人。如果出现这种情况：（1）适当做出调整，使自己的行为不那么具有压迫感；（2）向你爱的人保证，你仅仅在表达自己的诉求，而非苛求于人；（3）始终承认他人有权拒绝自己。毕竟，自我坚定是一种"能力"，而非"支配力"。

**原则6** 你的自我坚定不可以使他人感到受伤，"感到受伤"在他人那里可能指的是：

1. 你在欺负他们，即你表现出的是攻击性，而非坚定自信；
2. 他们不愿意与一个坚定自信的人来往；
3. 你的这种坚定自信触发了他们过去的恐惧或伤痛。就像《小王子》（*The Little Prince*）中所说的，"这是一个隐秘的所在，伤心之地。"

**原则7** 向相关的人确认你的感受、怀疑或顾虑。尽可能在开始行动之前，找一个看问题相对客观的朋友谈一谈你的决定。这样做不是因为你信心不足，而是因为你承认自己有可能忽视一些很重要，但只有看问题客观的旁观者才能注意到的东西。

**原则8** 专注于自我坚定至关重要，不要被争执分散注意力。自我坚定不是一种让你达成目的或战胜他人的策略，而是一套非暴力的、非竞争性的原则，体现了你的价值观和完整性。结果是次要的。真实的自我呈现才是最重要的。

**原则9** 你可以回应他人行为对你造成的负面影响，同时仍然承认他们的正面意图。但他们的意图并不能成为他们行为的借口。"我知道你想帮我，但我觉得有压力，我想按自己的节奏来处理这件事。"

**原则10** 你的感受不是由他人造成的。没有人应该为你的处境负责。你是自身状况的唯一责任人。无论你在做什么,都是你自己实实在在的选择,无论你是否有意识地想要这样做。选择将自己视为受害者,或许并不能带来真正的改变。**承担责任永远让你明白下一步该做什么。**

**原则11** 由于自我坚定意味着顾及自己的利益,因而某些时候直言不讳并不妥当。当对方失去控制、有暴力倾向或喝醉了时,坚定自信的人不会试图同对方讲道理或表明观点。简单地离开可能是最坚定自信且最明智的回应。

**原则12** 当你突然受到威胁或与人对峙时,尤其是在不公正的情况下,你可能会因恐惧而不知所措。在这种压力下,你的独立思考能力会降低。坚定自信的人在不得不做出回应之前,会要求对方给自己一点时间,让自己理清思路。请注意其中的矛盾之处:(1)我承认恐惧和脆弱是一种真实的无力感,但只是暂时的;(2)我坚持自己的立场,并要求获得使自己恢复的时间;(3)我现在能按自己节奏全力以赴地行动。

**原则13** 尝试却不真的去做只能算一种意愿,而非选择。要么已有计划正在实施,要么还没有打算行动。"事已至此,当何以处之?"是禅宗的说法,显示了从情况到行动不由自主且坚定自信的推进。

**原则14** 你可以从他人的行为中**获得信息**,而非**受其影响**。你可以观察他人的行为，而不必对其做出反应或受其控制。无论他人对你做了什么、说了什么或对你有何意图，你都可以根据自己的反应预案来行事。

**原则15** 你可以请求他人理解、倾听和理会你的感受，但你并不需要得到他们的认可。你的感受有其自身的价值，而每次你表达自己的感受，就是在自我认可。同时，当你坚定自信时，你会认可他人的感受。你表明你看到了他们的感受的合理性，同时理解并关心他们的感受。这种自我认可比自我辩护更能实现自我赋权，因为在自我辩护中，你会试图忽视他人的感受，以避免面对他们的感受，或者避免因引起这些感受而产生错误的负罪感。

**原则16** 自我坚定让清晰的认识变得有价值。如果在与某人接触之后，你坦诚地表达了自己的观点和立场，那么你会感到非常满足。你的满足感将不再取决于对方是否对你表示认可或赞同。你就不会再为自己多说了什么而懊悔。你就无需再去说更多的话来纠正他人对你的印象。"我所说的话符合当时我能理解的事实，这就够了，即便我似乎可以用更有效的方式来表达。"

**原则17** 自我坚定会让我们觉得害怕和有风险。风险的真正含义是"无法控制结果"。当你坚定自信时，你就不再试图控制环境或他人的行为。当你执着于控制的时候，你就在背叛自己内心那个无所畏惧的自己。

# I. 自我坚定：拥有自己的力量——健康自我的表达方式

## 1. 清晰表达

- 当你想说"是"时，就说"是"，想说"不"时，就说"不"，想说"也许"时，就说"也许"。（注意，自我坚定不一定意味着做出确定的表达，而是做出清晰的表达。）

- 坦率地表达你的感受、选择和计划。

- 向相关的人确认你的幻想、疑虑、恐惧以及直觉。精神分析师埃里克·埃里克森（Erik Erikson）说："为什么我们认为那张只是看向别处的脸，已经表达了拒绝？"

- 告诉他人，他们对你的评头论足、中伤或嗔怪，你恕难接受。

## 2. 表达自己的诉求

- 希望他人给出明确的信息。

- 希望他人理会你的感受。

- 希望获得抚慰、欣赏和建设性的批评。

## 3. 承担责任

- 接受他人向你提出意见的权利。

- 询问他人对你的感受。

- 为自己的感受负责。

- 直接与相关的人或在治疗中了结未完成的情感事务。

- 承认自己的错误、疏忽和冒犯，并加以补救。

## II. 被动：放弃自己的力量——恐惧自我的表达方式

被动是指：

- 因为害怕**可能**发生在自己身上的事情，而拒绝表达自己的感受、采取行动或做出决定。
- 为他人对自己的伤害行为找借口，并且不与对方进行交涉。
- 过度礼貌：总是把他人放在第一位，任由他人插队或者干扰你，而一声不吭。
- 迫于无奈（出于一种恐惧）而行动。
- 息事宁人，以致自己或者他人的真实感受无法显露出来。
- 过度承诺：长期过度付出，却没人感激，而当他人要求你付出更多时，你依旧忠实效劳。
- 对带有偏见的言论或调侃不表示反感。
- 通过将过去或当下自己所遭受的虐待合理化，来放纵自己。
- 通过应对不尽人意的状况或人际关系，抑或寄望于这种状况或人际关系可能会发生改变，来回避果断行动。**然而，这并不是在做出改变，而是在做出选择。**

## III. 侵犯：变力量为控制——好斗自我的表达方式

侵犯是指：

- 试图控制或操纵他人。

- 以谩骂、侮辱或指责的方式贬低他人，包括讽刺挖苦，即使是朋友之间的讽刺挖苦，抑或嘲笑。

- 拯救他人：为他人做他们自己能做的事。这不但害了他们，使他们长不大，还让你有了支配他们的权利。

- 情绪或肢体暴力。

- 好胜心强，并且总是试图证明他人是错的。

- 对那些对你粗鲁无礼或伤害你的人怀有恶意或蓄意报复。

## 自我坚定者的基本权利

1. 有权在任何时候，向你生活中的所有人，表达自己的诉求。

2. 有权享受情绪上和身体上的安全感。没有人有权伤害你，即使他（她）爱你。

3. 有权改变主意或犯错误。

4. 有权决定何时以及是否由自己负责：

　　（a）为他人解决问题；

　　（b）处理他们的需求。

5. 有权表示拒绝或不确定，而不用被迫按照他人的节奏来做决定。

6. 有权不按套路出牌。

7. 有权拥有秘密，有权决定透露多少关于自己或自己的生活的信息。

8. 有权对自己的选择做出解释或不做解释（包括当你拒绝时无须找借口或给出理由）。

9. 有权在你认为合适的时候，不表现出坚定自信。

10. 有权对你的伴侣、父母、子女或朋友保持同样的自我坚定原则、技巧和权利。

## 对自我坚定的总结

自我坚定是肯定自己的真实，并接受他人的真实。你表达自己的诉求，并尊重对方的回应。你表达自己的感受，并接受他人的感受。你是一个有担当的人，所以你以有担当的方式去行动，并对他人也有同样的要求。练习自我坚定会让你意识到，无论困境对你有着怎样的束缚，你都可以做出选择。如此一来，你就能够以一种强大、成熟和自信的方式继续自己的生活。

就像一个住在山谷里的人翻过高山看到平原一样，他现在从经历中明白"不要逾越"的标志就像高山一样，并不代表障碍。

——爱丽丝·米勒

要想实现自我坚定，我们必须面对每个人都会遇到的三重挑战：恐惧、愤怒和内疚。在接下来的三章中，我们将探讨成年阶段所面临的这些挑战，从而完成对自我坚定的探索。

# 03

# 恐惧：成年期的第一重挑战

> 无所畏惧的基础是确信在我们身上发生的任何事，在我们内心深处都不属于我们。
>
> ——灵性导师戈文达（Govinda）

## 定 义

**恐惧**是应对当前危险而产生的感受，是对那些似乎无法接受的事实的抗拒。同所有感受一样，恐惧基于一种主观信念，即某种特定的刺激会构成威胁。

**适当的恐惧**会引起战斗或逃跑反应，这种反应在得到激活并经过处理后，人会复归平静。这种恐惧提醒我们要规避或消除某种危险，因而是必要的。

**神经质的恐惧**也会激活战斗或逃跑模式，但不会执行到底。这种恐惧可能只是为了使我们在社会中安稳生活的理智，也可能成为个人障碍，从而形成自我限制。

神经质的恐惧向我们展示了我们未能整合的东西。例如，学会游泳可以消除对水的恐惧。实际上，游泳就是整合水（主观威胁）的方式。我们已经通过知识和技能适应了之前的危险，并与其和睦相处，而不再感到不适。现在，我们可以带着意识和能力接近水，而这恰恰标志着整合。此外，我们还可以感受到水所带来的刺激和乐趣。恐惧的减少使我们更有活力。

恐惧和爱截然相反，因为恐惧完全是有条件的。恐惧使我们远离水。恐惧是排他的，而爱是包容一切的。说"爱驱散恐惧"就意味着无条件和有意识的整合战胜了无知和抑制。

事实上，每一个问题都是我们在整合时遇到的困难。这一事实告诉我们，恐惧是我们所面对的每一个障碍的根源。找到恐惧因素有助于我们更有意识地处理它。

## 负面兴奋

神经质的恐惧是未经整合的兴奋。恐惧中的能量只是被阻挡的兴奋，而这种兴奋可以通过全身心积极面对威胁我们的种种现实来释放。本章的最后一个主题就是探讨如何实现这一点。

负面兴奋是一种造成沉重压力的痛苦形式，在这种痛苦中，我们对同一事物既恐惧又渴望。这是一种令人上瘾的能量，通常源自过去未完成的情感事务，而这些问题因我们生活中的戏剧性复杂情况而被激活。

负面兴奋会让我们陷入多年不正常、受虐或自我挫败的环境中。有时，这种兴奋似乎带有某种目的性，因为它维持着我们不断上演的戏剧性经历。当负面兴奋的对象消失时，我们可能会感到抑郁，甚至认为自己的生活失去了意义。

处理负面兴奋最好的方法是将其视为一种上瘾，并采用共依存者匿名会（CoDA）的12个步骤来戒除。

## 合理化

"合理化"使我们坚持和维持每一种恐惧和上瘾，并使我们有了拒绝改变的理由。"我害怕主动接触他人，因为我可能会遭到拒绝。"这种恐惧并没有真实存在的对象，只有可能存在的对象，但给出的理由（合理化）会维持一种困境，使人一直恐惧下去。

以下是"合理化"维持恐惧的三种形式：

1."理由"原本是为了保护我们免于面对意外情况，从而使我们保持掌控。但这种掌控反而破坏了我们自身的复原力，而复原力是整合恐惧的先决条件。

2."理由"阻断了成年人解决问题的途径。我们如此依赖于自己一直以来所信奉的观念，因而使我们失去了做出改变的判断力和灵活性。

3．"理由"直接维持了恐惧的惯性，我们会继续害怕我们拒绝面对的东西。

以上三点的讽刺之处在于，原本用来保护我们免于恐惧的东西，实际上保护的却是恐惧本身。合理化就像一个哨兵，守护的不是我们，而是我们内心的恐惧！

## 对他人的恐惧

当某些人让我们感到恐惧时，发生了什么？

1．我们可能害怕某个人唤起我们心中那些不受控制的感受。如果你害怕一个你可以信任的人，那就直接向对方承认你的恐惧及其理由。"我害怕你不支持我，害怕自己因被你拒绝而受伤。"矛盾的是，你或许可以通过浮夸的言语来淡化这个过程："我害怕如果你拒绝我，我会死！"

每当你感到恐惧时，就像这样大声承认，将恐惧所包含的幽默层面和高度主观的根源显露出来。渐渐地，恐惧就会尴尬地退缩！

如果你害怕某个你无法信任的人，那就通过不理会或在你自己的支持系统（朋友、疗愈等）中处理这种恐惧，以及改变这种状况。处于无解的压力和痛苦之中，承认自己的局限，并使自己不受伤害，这需要勇气。忍受这种委屈会侵蚀你的自尊，并让你一直恐惧下去。

2. 对方可能会恐惧，而我们会捕捉到对方投射的恐惧。例如，对方可能害怕亲近，并以某种令人生畏的方式来保持距离。如果你怀疑某人害怕你，但对方并未承认，可以直接询问对方害怕的是什么，从而打消对方的顾虑。"你害怕我和你太亲近吗？我不想那样做。让我们来谈一谈你希望得到的亲近程度，以及我想要给予的亲近程度。"

3. 特定的人经由无意识或有意识的线索，会引起来自我们父母或童年时期的恐惧。当我们感到无助或过于恐惧，以至于无法保护自己时，这种情况就尤其容易出现。对你的恐惧追本溯源，如果你的恐惧源自你的童年经历，那么就按照第1章所述，采用哀恸治疗来治愈内心恐惧的孩子。

4. 有些人会向我们反射我们自身的"阴影"面。我们在内心将对方设定为比我们"了不起"的人，积极的一面是敬畏，消极的一面是恐惧。实际上，我们害怕的是自己身上那些未得到整合的可敬或可鄙的特质。如果你的恐惧是阴影恐惧，那么请按第10章中的准则来处理。然后，为自己的恐惧负责，这样做可以为你带来突破。

## 处理神经质的恐惧

**承认（Admit）**：向自己、相关的人和/或任何你信任的人承认你的恐惧。承认可以解除否认，并关注现实。这种关注会释放我们一直拒绝要求或运用的疗愈和力量。

**接受**（Allow）：完全接受恐惧的感受，而不试图压抑或摆脱。

**行动**（Acting）：因为恐惧而行动是怯懦的表现，带着恐惧行动才是克服恐惧的勇敢表现。

在运用"假装好像"法的过程中，有效的技巧有：

a）做腹式深呼吸（因为焦虑的呼吸是胸式呼吸）。

b）专注于能增强内心平静的图像。

c）向朋友寻求支持，或者通过想象一个坚强的人作为指导陪伴你左右，藉此获得内在支持。

## 结　论

用来处理恐惧的"三A法"（Admit, Allow, Acting）是一种无条件地参与现实的方式。我们正在将对我们感到无法接受之物的拒绝，转变为对可以整合之物的接受。

这样，我们就能接触到自己的活力，即受恐惧阻断的正面兴奋。精心编造种种假象、防御和合理化所耗费的能量得以重新投入到个人力量和摆脱恐惧之中。"面对恐惧，我无能为力"变成了"在我本以为是绝境的地方，我找到了一个选择"。

毕竟，恐惧的"邪恶之力"正是这种表面上的无可选择。带着恐惧行动，即包容恐惧，找到并确认另一种选择。咒语就这样被施咒者破除了！钥匙原来一直插在锁孔里！再没什么能吓到我们。**人的每一种经历都可以得到同化和吸收。这就是乐观的基础。**

　　整合是处理恐惧的主要结果。第9章对这一过程做了详细解释。一旦处理了恐惧，活力就会得到释放，让我们更加快乐。注意人类发展的矛盾之处：每一种恐惧都阻碍一种能力；每一次对恐惧的整合都会揭示和提供一种能力。

| **我恐惧：** | **我将之整合为：** |
| --- | --- |
| 失落 | 放下依附 |
| 变化 | 调整 |
| 自我袒露 | 自我接纳 |
| 孤独 | 支持系统 |
| 亲密关系 | 承诺 |
| 力量 | 自信 |
| 各种感受 | 接受脆弱 |
| 空虚 | 与其同在 |
| 失败 | 顺其自然 |
| 成功 | 自尊 |

　　当最终的危机来临时……当我们走投无路时，正是我们从内心爆发的时刻，完全不同的东西出现了：一种力量突然浮现，一种来源不明的安全感，超越理性、合理期望以及希望，喷涌而出。

　　　　——法国社会学家埃米尔·杜克海姆（Emil Durkheim）

# 04

# 愤怒：成年期的第二重挑战

> 从最深层次的意义上看待人生境遇：不是从哀叹命运、反抗命运的自我立场出发，而是从……更伟大的内在法则出发，为了重塑和重生，抛弃个人视野的狭隘范畴。
>
> ——荣格分析师马克斯·泽勒（Max Zeller）

## 定 义

愤怒是人类的一种自然感受，每个人都常常经历，并且需要表达出来，以保持心理健康。愤怒是一种向反对、伤害或不公表示拒绝的感受。它是一个信号，表明我所重视的东西正处于危险之中。

愤怒的生理能量来自由肾上腺素引起的战斗或逃跑反应中"战斗"反应。

愤怒的心理能量来自真实或想象中的威胁感。因此，即使愤怒的基础并不合理，仍然可以得到合理地表达。我们表达一种感受是因为这种感受对我们来说是真实的，而不是因为存在客观上的正当理由。

当我们坦率地表达愤怒时，愤怒就会积极地表现出来。通常包括嗓门提高、面部表情和姿势发生变化，以及表现出激动和不悦。

对愤怒的表达也可以是被动的，即以消极攻击的形式表达愤怒。一个人在不承认自己愤怒的情况下粗暴对待另一个人，如拖延、说闲话、沉默、拒绝合作、缺席、排斥以及造成痛苦的怨怼等等。被动的愤怒是不恰当的，也不是成年人的行为方式。**强烈表达的愤怒称作狂怒。强烈持续存在的愤怒称作仇恨。没有表达出来的愤怒称作怨恨。**当我们无意识地压抑和内化愤怒时，愤怒就会变成抑郁，即转向内心的愤怒。

当我们有意识地压抑愤怒时，我们会选择不理会或不表现出来。这样做通常出于恐惧，但我们很少承认这种恐惧。相反，我们会把压抑愤怒合理化为有礼貌的行为或社交礼仪，认为表达愤怒是不必要的行为。

## 害怕愤怒

为什么公开表达愤怒会让我们感到如此不安全？我们可能在生命早期就发现，表达愤怒是很危险的。我们了解到这一点主要通过以下两种途径：

1）在童年时，表达愤怒可能意味着我们无法再得到他人的爱与认可，而当下的我们似乎觉得这个"等式"仍然适用。处理这些过时的等式或许会让我们意识到，在真正的亲密关系中，愤怒与爱是共存的。愤怒和任何真实的感受一样，并不会影响、损伤或消解真正的爱。

在任何人际关系中，只要我们是自由的，且允许彼此靠近，愤怒是不可避免的。心理学家约翰·韦尔伍德（John Welwood）写道："让别人触碰我们，也就意味着允许自己受到擦伤。"容不下愤怒的爱并不是爱，而是恐惧。当成年人爱别人的时候，他们会表露出自己的愤怒，并乐于接受对方的愤怒。**这是真实让我们自由的一种方式**！

2）接受愤怒似乎很危险，因为在从前的生活中，愤怒会导致暴力，要么是身体上的，要么是情感上的。但这并不是真正的愤怒，只是一种对愤怒夸张的模仿。愤怒不会导致危险、隔阂或暴力，夸张的反应才会。此处，夸张的反应指的是以自我为中心、带有解释故事情节的操纵性表演。我们中的许多人从未见过真正的愤怒，只见过夸张的反应。

## 夸张的反应与愤怒

我们必须区分愤怒（一种真实的感受）和夸张的反应（一种对真实感受的回避）。放弃夸张的反应，表现出负责任的愤怒，这需要坚韧不拔的努力。神经质的自我依附于负面兴奋。成年人正常的自我喜欢真实表达的感受，以及从中释放出来的正面兴奋。

| 夸张的反应 | 真正的愤怒 |
|---|---|
| 恐吓对方 | 告知对方，并引起对方注意 |
| 旨在让对方沉默 | 旨在与对方沟通 |
| 用虚假的控制感掩盖期望的落空或对无法掌控的恐惧 | 包含难过或失望，并接受这些感受 |
| 将自己的感受归咎于他人 | 为自己的感受负责 |
| 是一种策略，用来掩盖让对方改变的要求 | 请求对方改变，但并不强求 |
| 是暴力、咄咄逼人、失控、嘲笑或惩罚的表现 | 是非暴力的表现，始终处于控制之中，并在安全范围之内 |
| 压抑真实感受 | 表达自我坚定的回应 |
| 掩盖其他感受 | 与其他感受共存 |
| 制造压力，因为一个受伤、恐惧的自我会无力地愤怒 | 释放真实自我的活力 |
| 作为怨恨而持续存在 | 短暂存在，然后带着了结感放下 |
| 坚持让对方看到自己是多么占理 | 无须对方做出回应 |

**将这种区别代入遭到拒绝的经历中，请注意两种反应的不同：**

| | |
|---|---|
| 夸张的反应是对拒绝的一种寻衅反应，通过进一步制造隔阂来进行惩罚 | 愤怒是对拒绝的一种亲密反应，可以消除隔阂，或允许距离的拉近，而不产生长久的怨恨 |

（续表）

| 夸张的反应基于愤恨，觉得自己没有得到无意识中认为应得的爱与忠诚 | 愤怒基于对所发生之事的不满，但同时意识到这种感受是基于主观的解释 |

人们常说，愤怒是一种"次要感受"，它掩盖了另一种感受，如难过或恐惧。注意，愤怒和所有感受一样，与其他感受共存。愤怒从来不会掩盖其他感受，但夸张的反应会。还有什么能像夸张的反应那样掩盖得那么好？

愤怒是一种最短暂的感受。我们一旦将愤怒充分表达出来，释然和放下就会自然而然随之而来。可以持续的不是愤怒，而是一套故事情节，让夸张的反应继续下去。

## 愤怒与信念

愤怒和所有感受一样，不是由事件引起的，而是由我们对事件的看法或解释引起的。

这里我以一个基于心理学家阿尔伯特·埃利斯（Albert Ellis）研究的范式来阐明这一过程：

一种行为（Action, A）发生（可作任何解释）

我的信念（Belief, B）以一种特定的方式来解释这个行为

产生结果（Consequence, C）：基于由行为触发的信念而产生的

感受

所以：

A：发生了什么

B：我相信什么

C：我有何感受

看起来似乎是A引发C，但需要注意的是B这个消失的中间环节。A只能通过B到达C！

在这条心理反应链中，一个刺激不会引发另一个刺激。A并没有引发B或C，B也没有引发C，而是A触发B，B触发C。

这就解释了为什么我们要对自己的感受负责。他人的行为触发了我们的反应，但解释是我们自己做出的。随之而来的感受不是由他人的行为引发的，而只是偶然由其触发而已。他人只对启动了一个过程负责，但不对最终引发的感受负责。这完全由我们自己负责。

## 处理愤怒

运用上述范式，来理解你的一次愤怒经历，然后确认刺激事件（A）和你的愤怒（C）。现在承认：除非我不相信某种信念（B），否则我对他（她）的行为（A）的感受（C）就不会产生。

下面就是一个例子：

A：你没有信守承诺。

C：我生气了。

B：我相信我有权得到公平的对待。我希望你坦诚相见。我认为这种背叛是对我的侮辱。

现在，你已经认识到自己对违背承诺的解释背后至少存在4种信念：享有权利、期待、背叛和侮辱。现在，把这些信念与你自己的人生经历，尤其是童年的经历对号入座。你从前遭到过背叛吗？早年遭受的背叛、抛弃和虐待是否得到过哀悼和处理？如果没有，那么这些经历对于当下的你来说，仍然是原来的样子并且使你感到痛苦。信念和愤怒是未完成的情感事务的信号。这一事件重新揭开了你过去的创伤。现在，你开始明白，你对当下刺激的反应是你自己的问题。愤怒指向了你仍然受伤的地方。

最后，享有权利、期待和侮辱都是神经质自我的问题。那些正在建立正常自我的成年人能够看穿这种夸张暗示的力量。他们通过表达自己的诉求来放下享有权利的信念，同时承认他人有时可以满足自己的诉求，有时不能。他们放弃期待（单方面），并请求达成共识（双方面）。当他们受到侮辱时，他们会要求对方赔罪，而对于那些始终拒绝尊重他们的人，他们会避而远之。

对一次愤怒经历的剖析，让你更加了解自己，更加清楚自己努力的方向，并对自己的反应更加负责。现在，你不再把自己当成受害者。你的自信和自尊都得到了增强，同时也明确了自己的愤怒是合理的。即使愤怒源于种种幼稚或原始的信念，它仍然是真实的。

## 肯定愤怒

1. 我接受愤怒是一种健康的感受，并且我会审视愤怒背后的信念及其唤起的个人经历。

2. 我对这种感受负责，并确信它是合理的，且完全属于我自己。

3. 我表达我的愤怒，但我选择不诉诸带有攻击性的报复、斗气或怨恨。

4. 我接受更多关于自己和世界的成年人的信念，因此我现在的愤怒源自一种有根据的正义感，但没有"受辱的、傲慢的自我"的层面。

## 鲜活的能量

愤怒是一种鲜活的能量，对于我们的自我进化很重要。我们用愤怒打破自我和恐惧的束缚。我们追随愤怒找到自己迄今为止尚未开发的心灵领地。愤怒可以激发我们的力量。它不是我们该放弃或否认的东西。只要我们允许自己去感受愤怒、表达愤怒，它就会提升我们、转化我们。

强烈的情绪激荡本身就蕴藏着解决问题的价值和能量。

——荣格

# 05

# 内疚：成年期的第三重挑战

> 所有自我认识都是以内疚为代价换来的。
>
> ——保罗·蒂利希

## 适当的内疚和我的真实

适当的内疚出现在不道德行为发生之前或之后。它源于根据个人信念来评估行为的内在机体共鸣（良知）。心理学家卡尔·罗杰斯（Carl Rogers）说："我们生来就拥有一种内在的身体智慧，它能帮助我们区分哪些经历使我们发挥了或没有发挥自己的潜质。"这是我们的正常自我在告诉我们，什么时候我们已经偏离了自己的真实。这种内疚表明我们的完整性的破裂，或者我们与他人之间的自然平衡遭到破坏。通过承认和补救，我们可以恢复这种平衡。

## 神经质的内疚和他人的真实

神经质的内疚是对我们已内化的外部命令或要求的一种习得性（非机体性）反应。我们从他人的真实中脱离出来。这种内疚是挥之不去的，不会因为补救和恢复而消失。它源于神经质的自我，并且导致内心冲突，而非平衡。

内疚不是一种感受，而是一种信念或判断。适当的内疚是一种自我面对式的判断，带来的是解决方案。神经质的内疚是一种自我挫败式的判断，带来的是无益的痛苦。适当的内疚通过和解与补救得以消解。神经质的内疚则试图通过惩罚来解决。适当的内疚是种责任。神经质的内疚是种责难。简言之，适当的内疚是成年人的反应；神经质的内疚是我们内心那个受到惊吓的孩子的反应。

## 内疚的伎俩

在每一次产生神经质的内疚的经历中，都有我们拒绝承认的东西。这种内疚是我们用来逃避感受和真实的策略：

1. 伪装恐惧

阻碍我们行动的内疚可能伪装成对自我坚定的恐惧。在做出坚定的选择之后产生的内疚可能是对失去他人的爱或认可的恐惧。我们或许害怕不被人喜欢，或者害怕自己过于不受拘束而失去控制所带来的种种后果。先前的内疚会让我们感到不知所措，接着我们就会陷入困境或被动。接踵而来的内疚会让我们感到羞耻，并且害怕遭到他人报复，或者害怕以一种新的方式为他人所了解（或为我们自己所了解）。

### 2. 淡化责任

神经质的内疚将我们限制在单一的合理行为中。在这方面，内疚抑制了想象力，而想象力是让我们做出选择的创造力基础。一旦我们陷入内疚，我们就看不到可能性，也不清楚自己真正想要什么。这就是内疚对自我坚定的破坏。

行动后产生的内疚，或未进行某一行动所产生的内疚，也会极度削弱我们做出选择的力量。如果我们判定自己有罪，我们的责任就会减轻，因为这样我们就不必再尽心尽力！矛盾的是，内疚会让我们摆脱眼前的困境，并产生一种虚假的正义感。

### 3. 掩盖愤怒

内疚可能意味着对父母、权威人士或朋友的合理愤怒，因为他们似乎对我们负有义务或施加了限制。我们认为感受或表达这种愤怒是不安全或错误的。如此一来，错的人就只剩我们自己，于是未表达的愤怒就变成了内疚。因此，内疚让他人解脱出来，却让我们用本该对他人表达的愤怒来虐待自己。

### 4. 回避真相

我们有时用内疚来回避自己无法接受的真相。例如，在童年时期，我不愿面对父母不爱我这一痛苦的真相，而宁愿相信自己要为没有达到他们的期望而感到内疚。于是，他们不爱我就完全成了我的错。"他们为我积攒了爱，而我却不配得到他们的爱。"我为自己"做得不够好"而感到内疚，从而使关于他们的真相成了一个秘密。即使是现在，我依然不知道这个真相，也不必去面对它或让它过去。通过这种方式，内疚让我受制于人，即总是试图取悦他人。取悦他人的念头和自卑感同样从这片自我怀疑的荒原上滋生出来。

## 处理内疚：走向健康

### 处理神经质的内疚

要想完全消除神经质的内疚是不可能的。允许这种内疚存在于你的内心，但不要再让它引导你行动或不行动。带着内疚，而非因为内疚，来做出选择。只需注意你的内疚可能做了什么。它在伪装恐惧、淡化责任、掩盖愤怒，以及回避真相吗？然后，每当你经历神经质的内疚时，你就承认它是某种逃避的信号。如此一来，内疚就会消散到足以使你处理其背后真实的兴奋和感受。内疚就会变成它原本的样子：一种观念而非准则，一种看法而非判断，一种信念而非现实。

**恐惧是被压抑的兴奋；愤怒是被激发的兴奋；内疚是错误的兴奋。**

### 处理适当的内疚

消除适当的内疚是不必要且危险的。适当的内疚可以帮助我们了解自己何时破坏了道德平衡。与挥之不去的神经质的内疚不同，适当的内疚会随着有计划的承认、补救和肯定而自动消失。按照"三A"方法来处理适当的内疚，步骤如下：

## 1. 承认（Admission）

直接向被你伤害或被你的不负责任或怠慢行为影响的人承认你的错误。请求倾听他们的痛苦并认真倾听。通过这种方式，你就可以体会对方的痛苦，并且充分认识自己的行为及其后果。这是一种可以让你最终对自己的行为承担全部责任的有力方式。在这一过程中，我们有可能与对方建立真正的亲密关系。

## 2. 补救（Amendment）

补救分为两种方式：第一种，停止伤害行为；第二种，直接向受害人做出补偿，如果对方无法接受或不准备接受你的补偿，可以补偿给慈善机构或替代对象。当这种补救中包含了对今后做出改变的承诺时，那么这就是发自内心的补救。悔恨是没有做出补救的悲伤，会降低自尊并阻碍我们从内疚中解脱。

## 3. 宣言（Affirmation）

在处理了内疚之后，通过以下两种形式发出宣言：

首先，使用本书结尾部分提供的任何能够令你产生共鸣的宣言。设计自己的宣言效果更佳。

其次，肯定或祝贺自己做出了成年人的选择并采取了后续行动。

**这三个步骤会为你带来一种灵性上的转变**：你变得对自己和他

人抱有同情。现在，你不再立即自责，而是注意到当前不可接受的行为与过去或生命早期习得之间的联系。换言之，你会在富有同情心的理解中看待自己（和他人）。

然后，你要对自己**负责**，但不要**责难**自己。责难会导致情绪化的自我否定，而责任感会带来务实的补救和更高的自尊。通过同情心和责任感，我们肯定了自我宽恕，这才是真正和最终的自我实现。正所谓"使我们跌倒的东西会使我们站起来。"

中午时分，岛屿已经消失于地平线，在我们面前的是广阔的太平洋。

——作家赫尔曼·梅尔维尔（Herman Melville）《奥穆》

（*Omoo*）

## 06

# 价值观与自尊

> 这些在我窗下绽放的玫瑰，与先前的玫瑰或更好的玫瑰没有任何关系，它们就是它们……对于它们而言，时间并不存在。玫瑰就是玫瑰，在其存在的每一刻都是完美的。
>
> ——爱默生

一个在心理和灵性上有所觉悟的人，其行为基于一以贯之的——尽管总是处于不断发展之中的——价值观。尊重就是珍视某种事物的价值，以表明这种事物对我们是有意义的。

## 价值观的特点

1. 价值观是有机的，换言之，它们自然而然地从你的内心生发出来。一套价值观不是从外部强加的，而是你内心世界的一部分。**价值观实际上就是一种自我认同。**因此，你是在尊重和信任你自己。

2. 你的价值观是从众多选项中有意识地做出的选择。了解你的价值观就是了解你自己，因为你的选择揭示了你是一个怎样的人。

3. 你通过自己的言行向他人展现你的价值观。你的行为是你价值观的最终决定因素。这就是人们信任你的方式：他们能够看到你的一致性。你基于你内心的选择来行事。

4. 随着你的价值观变得越来越有意识，你也越来越愿意表明自己的价值观——甚至不惜牺牲自己的安逸和抱负。人们可能会尊重你的完整性，并且钦佩或欣赏你。尽管这并不是你这样做的动机，却能让你感到满足。

5. 那些根深蒂固的、往往长期抱有的关于世界、你或他人应该如何的刻板信念，是基于僵化的判断和过去的恐惧，而非价值观。这种隐秘莫名的僵化让你不自由，并阻碍你充分地自我显现。它扼杀了自发性、渗透性，并最终扼杀了同情心。荣格指出："不模糊和不矛盾的方式都过于片面，因而无法表达令人费解的事物。"

我们的活力在于我们给予和接受的能力。强硬和伪善会在慷慨的客人面前关上大门。哲学家约翰·里利（John Lilly）写道："对于一个想要保持探险家式精神流动性的人来说，评判和封闭是最大的危险。"

## 个人价值观与自我认同

我们的个人价值观向我们自己和他人表明了我们的自我认同。

以一种非常现实的视度来看，我们就是我们所珍视和展现的价值观。

出于对内疚、出丑或害怕受到惩罚的恐惧而采取行动，意味着我们的价值观还没有在生我们的生活中取得主导地位。我们因此而感到"不值得"。由于我们的行为源于内疚，或害怕他人对我们做出评价，因而我们的自尊也随之降低。

然而，有了价值观并不意味着我们的行为和动机是纯粹的。有觉悟的成年人有能力容纳明显相互矛盾的动机。期望一个无私的决定不包含一些自私的动机，或者期望一个慷慨的决定不包含一些伪善或无奈的成分，都是不现实的。消极成分绝不会削弱积极成分，二者就像光与影一样共存，成年人只关注其中的比例。例如，"相比上一次，这次我对你多了一点纯粹的关心。"

## 唤醒价值观

要想唤醒尚未发展或已经停滞的价值观，我们可以遵循以下准则：

1. 相信直觉，内在信息可以告诉我们该尊重什么和避免什么。

2. 留意你做出了多少让自己感觉良好的选择，并做出更多让自己感觉良好的选择。

3. 通过你所信任的个人、群体或程序，来确认自己的动机和选择。然后，在更客观地了解情况之后，做出自己的决定。

4. 留意你激赏他人的哪些价值观。按照你所激赏的这些价值观行事，同时承认内疚也会在一定程度上激励你。

5. 随着价值观动机的增加，内疚动机会逐渐减少。按价值观行事变得容易，同时你也变得更爱自己。自尊随之增强，自我贬抑逐渐消失。

不依附于某物，在于意识到其无限价值。

——禅学大师铃木俊隆

# 一个健康成年期的宣言

在我们的视觉适应光明之前，难道不需要历经几个世纪的漫长岁月吗？……我准备沿着一条每走一步都让我更加笃定的道路，一直走到路的尽头，走向弥漫着越发浓重雾气的地平线。

——德日进

我对自己生活的样子承担全部责任。

我永远不需要害怕自己的真实、力量、幻想、愿望、思想、欲念或梦境。

我相信荣格所说的"黑暗和动荡之后便是意识的扩展"。

我任凭他人离去或留下，无论何者，我都坦然接受。

我承认，我可能永远都不会觉得自己得到了，或者已经得到了我所寻求的所有关注。

我承认，现实对我没有任何义务，且不受我的意愿或权利的影响。

我逐一放下对人和事的每一种期望。

我接受他人给予我的限制，以及我给予他们的限制。

除非我以同情心看待他人的行为，否则我无法真正理解他们。

我放下责怪、悔恨、报复，以及惩罚那些伤害或拒绝我的人的幼稚欲望。

当改变和成长令我感到恐惧时，我依然会选择它们。我可能会带着恐惧而行动，但绝不是因为恐惧而行动。

当我不再遵循父母（或其他人）为我制订的规则时，我仍然是安全的。

我珍视自己的完整性，但不会将其作为衡量他人行为的标准。

我可以自由地怀有任何想法，但我没有权利肆意而为。我遵守自由的限度，并仍然可以自由地行动。

我克服了在发现的边缘退缩的冲动。

没有人可以或需要解救我。我无权享有任何人或事物的照拂。

我可以在不要求他人感激的情况下付出，尽管我一直渴望获得感激。

我拒绝牢骚和抱怨，以免在我直接行动时或者退出不可接受的情况时受到干扰。

我放弃掌控，而不失去控制。

我在生活中做出的选择和秉持的观念是灵活的，而非僵化或绝对的。

如果人们了解真实的我，他们会因为我和他们一样有人情味而爱我。

我放弃装腔作势，让自己的一言一行展现真实的自己。

各种转变和过渡在我的配合下变得更加从容而优雅。

我可以理解和运用人的一切力量。

我按照自己的标准去生活，同时出于自我宽恕，允许自己偶有疏忽或失误。

我允许自己在工作和人际关系中有犯错的余地。我把自己从必须总是正确或胜任的痛苦中解脱出来。

我接受"觉得自己并不总是符合要求很正常"这种感觉。

我最终足以应对自己遇到的任何挑战。

我的自我接纳并不意味着自满，因为它本身就代表着巨大的转变。

我很快乐，因为我可以做自己喜欢的事，并喜欢自己做的事。

我全心全意地投入到自己的境遇中，释放出我那不可抑制的活力。

我无条件地去爱，并为自己的无私奉献设定合理的条件。

伟大的启示或许从未到来……，而火柴在黑暗中意外地划着了，这里就有一根。

——作家弗吉尼亚·伍尔夫（Virginia Woolf）

# 第二部分
# 关系问题

Part Two

**Relationship Issues**

# 07

# 个人边界

你的个人边界保护着你自我认同的内核和你做出选择的权利：

"心灵深处之物中存在着最可贵的新鲜活力。"

——诗人杰拉德·曼利·霍普金斯（Gerard Manley Hopkins）

我们的旅程从出生开始，而当时我们并没有边界感。我们并不知道自己和母亲之间的边界在哪里。我们觉得自己在掌控自身需求的满足及其来源方面，拥有无限的权利。

我们最先获得的成长觉悟是分离。我们的首要任务是放下，即承认个人边界：我是独立的，关心我的人也是独立的。这是启程，也是奋争。

这可能让我们觉得像被遗弃一样。从生命的最初阶段，我们可能就把放下依附等同于失去力量及稳定的需求满足。

我们今天之所以紧抓着不放手，其奥秘可能就在于最初这个可怕而虚幻的等式。

成年人明白分离并不意味着被遗弃，而仅仅是一种人的状态，是让健康的人际关系得以发展的唯一状态。

有了边界，就有了相互依存，而非单方面的依赖。有了边界，就有了个人担当，而非单方面享有获得照顾的权利。有了边界，就有了相互性，从而使我们放弃对他人的控制，转而尊重他人。

边界并不会造成疏远，反而会保障彼此的接触。有了边界，我们才有可能获得亲近感，同时还能稳定地保持个人的自我认同。

**放弃个人边界就意味着放弃我们自己！** 如果一方或双方放弃了他们自我认同的独有内核，那么任何关系都不可能发展起来。当两个自由的人相互拥抱、相互尊重，以及相互扶持时，爱才会产生。

对于一个心智成熟的人来说，忠实是有限度的，无条件的爱可以与有条件的情感投入共存。毕竟，无条件并不意味着一概接受。你可以无条件地爱一个人，同时在你们的互动中设置条件来保护自己的边界。"我无条件地爱你，不和你住在一起是为了照顾好自己"，这才是高明的爱！

无论处于一段关系的开始、改变还是结束，你的基本内核都必须保持完整。这场亲密关系之旅永远不会破坏我们的完整性。当你清楚自己的个人边界时，你既有的自我认同，既不需要别人赐予，也不会被别人夺走。

建立一个正常运转的健康自我，意味着以完全率真的态度与他人亲密交往，而你自身的完整性仍然完好。与他人保持联系并保持完整，可以极大地增强你的自尊。这就是成年人的相互依存。

在真正的亲密关系中，我们都会在对方身上投入自我。这意味着我们非常关心伴侣的幸福，同时也意味着我们关心伴侣对我们的看法和对待我们的方式。我们很容易受到伤害和拒绝。我们把支配力交给伴侣。这是完全正常的，并且从承诺的本质来看也是合乎逻辑的。

在正常的自我投入中，我们会赋予对方支配力，却不会因此而自我弱化。我们的脆弱体现在我们作为伴侣，而非作为受害者。换言之，我们做出承诺并不意味着失去我们的边界。

在神经质的自我投入中，我们失去了保护自己的能力。如此一来，伴侣的行为就决定了我们的心境，而非仅仅暂时地受到影响。我们活在反应中，而非活在行动中。

这就是第1章所探讨的关于的生命早期生活中未化解的心结，如何破坏成年人自尊的一个例子。那些在童年时期受到虐待，并且没有办法保护自己的人，在亲密关系中进行健康的自我投入时会极为波折。对他们来说，亲密关系中的边界从来都不明确，也不稳定，这种交往中的夸张反应会耗尽他们试探性的自我供给。哀悼自己过去所遭受的虐待，可以填补他们内心的空洞。

---

当出现以下情况时，我就知道自己失去了边界，成了共依存者：

**"我放不下这段无法继续的关系。"**

感觉就像

**"我不能放下这段可能有救的关系。"**

所谓共依存就是对一个与自己反目成仇的人，付出无条件的爱。

本章末尾的检查表中，左栏提供了对"共依存"在特定情况下的定义。

---

## 如何保持个人边界

1. 坦率地表达你的诉求。通过这种方式向他人和自己明确你的自我认同。第2章中"自我坚定的技巧"阐述了各种清晰的边界，只有在此类条件下人才能获得真正的自由。如果你的边界僵硬到使你回避亲近感，那么你可能会受制于恐惧。如果你的边界松散或不明确，那么你可能会屈从于他人对你的控制。

2. 增强内在的自我抚育（成为自己内心的好父母）。通过这种方式能建立一种内在直觉，让你知道什么时候一段关系变得具有伤害性、侮辱性或侵犯性。这种内在直觉是你处理童年问题（见第1章）

所带来的结果。为了保持这种内在直觉，需要来自朋友、自助计划或心理治疗等真实反馈的持续支持。

3. 观察他人如何对待你——将之视为信息——而不要卷入他们的夸张反应之中。做一个公正的旁观者，从自我保护的角度看问题。这可以让你尊重自己的边界，还可以让你在不受他人诱惑性或侵犯性力量的影响下，决定你能接受多少他人的给予或攻击。

4. 保持底线，即在你承认痛苦的现实，并愿意一起走下去或就此分开之前，你允许他人拒绝你、欺骗你、让你失望或背叛你的次数是有限的。这包括面对沉溺于兴奋，但没有未来的关系。在这种关系中，你一直渴望更多，却所获更少；一直渴望幸福，得到的却只有伤害。在沉溺中，我们虚幻的信念得到了补偿，并放大了被削弱的现实。

5. 将信任的重心从他人身上转移到自己身上。作为一个成年人，你不再指望可以绝对信任某个人。你明白人性弱点的种种边际，并且不再期望获得安全感。然后，你相信自己能够接受爱，也能够处理伤痛；能够接受信赖，也能够处理背叛；能够接受亲密，也能够处理厌弃。

### 人际关系边界检查表

| 在一段关系中，当你放弃自己的边界时，你就会： | 在一段关系中，当你的边界完整无缺时，你就会： |
|---|---|
| 1. 不清楚自己的偏好 | 1. 有明确的偏好并依偏好行事 |

| 在一段关系中，当你放弃自己的边界时，你就会： | 在一段关系中，当你的边界完整无缺时，你就会： |
|---|---|
| 2. 注意不到自己不快乐，因为让关系持久才是你的关注点 | 2. 意识到自己何时快乐或不快乐 |
| 3. 改变自己的行为、计划或观点，以适应对方当前的情绪或状态（活得被动） | 3. 接受对方的情绪和状态，同时保持对自己的主导（活得主动） |
| 4. 为对方越来越少的回馈，付出越来越多 | 4. 当有了结果的时候，才会付出更多 |
| 5. 把刚刚听到的意见当作真理 | 5. 相信自己的直觉，并对他人的意见持开放态度 |
| 6. 在期盼和等待中抱着希望活着 | 6. 在与对方共同致力于改变中，乐观地活着 |
| 7. 满足于应对和维持 | 7. 只满足于活得风生水起 |
| 8. 以对方的微小的改善来维持你们的僵局 | 8. 因真诚而持久的改善而受到鼓舞 |
| 9. 由于你的注意力无法集中在自主活动上，因而没有什么兴趣爱好 | 9. 对能获得自我提升的爱好和活动充满兴趣 |
| 10. 在你不能容忍的事情上为对方破例，并接受托词 | 10. 制订一个适用于所有人的个人标准，尽管可以变通，但要求对方负责 |
| 11. 容易受奉承摆布，而失去客观性 | 11. 重视反馈意见，并能将其与意图操控的行为相区分 |
| 12. 继续试图与一个自恋者建立亲密关系 | 12. 只与有可能双向奔赴的伴侣交往 |
| 13. 受到对方的强烈影响，到了痴迷的地步 | 13. 受到伴侣行为的强烈影响，并将之视为信息 |

（续表）

| 在一段关系中，当你放弃自己的边界时，你就会： | 在一段关系中，当你的边界完整无缺时，你就会： |
| --- | --- |
| 14. 为了获得性或性的承诺，会放弃一切个人边界 | 14. 整合性，从而可以享受性，但绝不以牺牲自己的完整性为代价 |
| 15. 认为伴侣为自己带来兴奋 | 15. 认为伴侣激发了自己的兴奋 |
| 16. 感到受伤和受害，而非愤怒 | 16. 让自己感受愤怒，然后着手做出改变 |
| 17. 出于服从和妥协而行动 | 17. 出于共识和商议而行动 |
| 18. 做自己内心抗拒的事（不能拒绝） | 18. 只做自己选择去做的事（能够拒绝） |
| 19. 忽视直觉，而只考虑意愿 | 19. 尊循种种直觉，并将其与意愿相区分 |
| 20. 允许伴侣冒犯孩子或朋友 | 20. 坚持认为他人的边界和自己的边界一样不受侵犯 |
| 21. 大部分时间里，感到恐惧和困惑 | 21. 大部分时间里，感到安稳且明晰 |
| 22. 陷入自己无法掌控的夸张反应中 | 22. 始终有意识地做出选择 |
| 23. 过着一种不属于自己的生活，并且似乎无法改变 | 23. 过着一种基本接近自己一直以来所向往的生活 |
| 24. 只要别人需要你以那种方式（没有底线）承诺，你就做出承诺 | 24. 能够决定自己将以何种方式、在多大程度上，以及在多长时间内做出承诺 |
| 25. 认为自己无权拥有秘密 | 25. 在不撒谎或不必偷偷摸摸的情况下，保护自己的隐私 |
| *以上条目定义了"共依存"。* | *以上条目定义了"自我抚育"。* |

你可以这样使用书中的图表：在每个条目下画一条线，在每条线的两端各画一个箭头。

将你的行为定位在一个端点或中心点位置，注意你的大多数反应处于什么位置。面对自己生活中的人，你的反应可能不同，例如与伴侣的边界不清晰，与父母的边界清晰，与孩子的边界适中。

所有这些反应都体现了你在哪些方面存在挣扎，在哪些方面需要做出改变，以及在哪些方面已经做得很好了。

# 08

# 亲密关系

在双向奔赴的亲密关系中，彼此都能感受到充满爱的亲近感。

## I. 真正亲密关系的构成要素

**如果自我是健康的，我们就能够：**

1. 提供充足的内在自我抚慰的源泉，这样我们就不会极度渴望依靠他人（就像孩子依靠父母一样），或渴望照顾他人（就像父母照顾孩子一样）。

2. 相信自己可以接受忠诚，也可以处理背叛。成年人之间的关系并非基于绝对信任（就像亲子关系那样），而是基于承认人性易变的无条件的爱。

3. 给予和接受。"我克服了自己的恐惧，因而足以表达我的感受，并接受你的感受，以及足以表达我的爱意——无论是情欲上的还是非情欲上的——并接受你的爱意。"

4. 尊重有关生活方式、责任、情欲以及时间/空间上双方不同需求的基本规则。

5. 带着鼓励的态度，勇敢且愉快地接受对方的独特需求、差异、发展和行动路线。

6. 发自内心地关注对方，这样才能真正倾听对方所感受到的和关心的，而非急于讲自己的事情。

7. 当自身的需求没有得到满足时，承诺维持这种关系，因为我们珍视对方的固有价值，而非需求满足。

8. 同时容纳爱与愤怒。"你可以生我的气，我依然爱你。当我生你的气时，我依然爱你。"

9. 经历正常的恋爱阶段——从浪漫到冲突，再到承诺——爱在每一次演进中成熟。

10. 对一种基本纽带，即一种持久的相互"给予"做出承诺。这种纽带是无条件的，能够抵御变化所带来的压力和危机。如果出现了更有魅力、更有趣、"刚好合适"的其他人，我们只将其视为新出现之人的魅力或当前关系存在缺陷的信号。我们不会因为出现这种情况而分手或出轨。

以上10个要素描述了与亲密关系有关的无条件的爱。

## II. 亲密关系中出现的恐惧

童年阶段产生的种种原始恐惧会延续到成年后的关系中：

● 害怕被抛弃及失去对方；这让我们紧紧抓住或占有他人。
● 害怕被吞噬及失去自我；这让我们回避或疏远他人。

这些都是正常的恐惧。我们每个人都会产生这两种恐惧——尽管在亲密关系中，其中一种通常占主导地位。只有当这些恐惧强烈到影响我们的判断和行为时，才会成为问题。

成年人的交往在于做出承诺的能力，不会害怕如果有人拉开过远的距离而被抛弃，或害怕如果有人走得太近而被吞噬，因而动弹不得。虽然这些恐惧似乎直接源自我们成年伴侣的行为，但这些恐惧其实是虚幻的。虽然那些伤害我们的东西已经消失，但仍然会刺激我们。我们是在回应自己的内在境况，这是被生命早期的掠夺搞得满目疮痍之所，这种内在境况从未得到承认、复原或宽恕。哲学家海德格尔明确地道出了这一点："可怕的事情已然发生了。"

由于对被抛弃和被吞噬的恐惧是细胞层面的条件反射，因而我们最好不要把伴侣所表现出的这些恐惧视为针对自己。这些恐惧是非理性的，所以我们无法说服对方走出恐惧，也不能为这些恐惧而责怪对方。**一方的同情和另一方的努力改变是最有效的组合**（本节后面会介绍如何"努力改变"）。

| 害怕被抛弃<br>对独立的恐惧使一个人： | 害怕被吞噬<br>对依赖的恐惧使一个人： |
| --- | --- |
| 当对方需要空间时，难以放手 | 难以做出承诺 |
| 寻求最大限度的接触（贪恋） | 寻求更多空间（疏远） |
| 陷入或纠缠对方的过往 | 觉得对方为自己做什么都是理所当然，或对其漠不关心 |
| 关心对方而非自己 | 觉得有权要求对方满足自己的需求 |
| 总想付出更多（总觉得付出不够多） | 将给予理解为约束，将接受理解为压抑 |
| 顺从对方的想法、计划或节奏 | 渴望掌控、做决定，或保持正确 |
| 没有个人边界或滥用底线 | 不能容忍不忠或不足 |
| 疲于应对 | 有严格的边界，不允许出错 |
| 痴迷于对方 | 先引诱对方，然后再拒绝 |
| 需要不断确认对方会留下来 | 需要对方"留在原地，而自己来去自由" |
| 害怕孤独 | 为扩展的亲密而感到焦虑 |
| 将问题合理化（找借口应对） | 凡事诉诸理智（消除或淡化感受） |
| 保护对方免受自己感受的影响 | 回避自己和对方的感受，或将之极度淡化 |
| 表达恐惧，压抑愤怒 | 表达愤怒，压抑恐惧 |
| 为人或事的来/去而忧虑 | 为给予/接受而苦恼 |
| 表现为黏人、亲近和主动 | 表现为冷漠、刻板和疏远 |

其实，一个成年人不会被抛弃，只会被留下；不会被噬，只会被催促！只要我们活在当下，事情就会变得更加符合实际情况，我们也会放弃充满指责的判断。

## III. 处理对被抛弃和被吞噬的恐惧

有时，我们会选择刺激其中一种或两种恐惧的关系。

有时，我们会选择可以缓和这些恐惧的关系。一个有意识的成年人会探究个人动机和选择，并诚实地予以承认。

当恐惧受到刺激时，我们就有机会去解决它，或者我们会对其更加耿耿于怀——通常表现为指责我们的伴侣。

当恐惧得到缓和后，我们就会感到足够安全，可以更为大胆地敞开心扉，或者我们会变得骄纵——期望我们的伴侣来保护我们。

当你愿意为了实现改变，惴惴不安地小步向前迈进，并克服随之而来的窘迫之态时，你就知道一段关系对你来说是健康的：

1. 注意你的哪些行为会给你或你的伴侣带来问题。识破这样的借口："我这个人就这样！"或"但我是对的"。承认任何行为或态度背后的恐惧或痛苦，都会使顺滑的亲密关系陷入困境。你需要知道的是，你们之间的关系并没有像它应该有的样子运转。抛开抱怨、指责和自我辩解，承认改变的必要性。这种承认具有治愈的力量，因为它使我们停止否认而关注真相。

2. 一旦你意识到在一段或多段关系中最常出现的恐惧，就把这些恐惧告诉你的潜在伴侣或新的伴侣，例如"我想和你亲密接触，但我不得不承认，除了性以外，我对大量身体接触感到不适"，或者"我注意到你会花很多时间和你的朋友在一起。我可能会因此而有危机感，因为我很容易产生被抛弃的感觉——即使你向我保证你的承诺。"

你可能因为害怕失去伴侣而不愿吐露你的想法。但即便如此，也要坦率地表明这种恐惧！那么接下来可能出现两种情形：

a. 你的自尊会增强，因为尽管你害怕失去，你仍然诚实地自我袒露。

b. 你将发现你的伴侣所做承诺的本质。

3. 对亲密关系的恐惧往往会在一段关系经历了浪漫阶段之后浮现出来。被抛弃和被吞噬的问题会产生一种新的负面兴奋：恐惧与兴奋同时存在。肾上腺素飙升会让人陷入沉迷，并可能导致你做出一些引发恐惧的事情。无论你是否知道自己是怎么做的，都要承认这一点。矛盾的是，通过对自己夸张反应中的无意识选择因素负责，你可以从中解脱出来。

4. 如果你害怕被抛弃，那就让你的伴侣每天稍微离你远一点，并留意到自己能承受这一点。寻求保证会强化恐惧。经历一次又一次的恐惧，或者经历一天又一天的恐惧，而不要求伴侣再次保证他（她）会和你在一起或仍然爱你。这样做可以强化你的独立性。

5. 如果你害怕被吞噬，那就让你的伴侣每天稍微靠近你一点，然后留意你是如何忍受的（或者甚至可能享受）。记住，第一次允许对方稍微靠近一点就代表百分之百的改善！

在这段关系中，你可能强烈地渴望掌握主导权，并且做出所有决策。在小决策上，你可以与伴侣交替做决策，这样你做一个选择，伴侣做下一个选择。在较大的决策上，通过协商让你们双方每次都能得到各自想要的结果。

6. 害怕被吞噬意味着相信与对方亲近会让你失去一些东西。矛盾的是，要想处理这种对失去自我的恐惧，你反而需要自愿把自己交付出去。做一次自我袒露，承认自己的脆弱面，或表达自己的感受。如此一来，通过放下，你就可以避免失去自我。

害怕被抛弃意味着害怕独处。这不是对失去自我的恐惧，而是对面对自我的恐惧。每天为自己留出时间，就意味着选择了面对你所害怕的东西。这种矛盾的逆转会让你逐渐享受独处的时光。

既然恐惧是由一种我们将自己视为受害者的感受来维持的，那么"选择"就可以解开恐惧对我们的控制。荣格这样描述这种矛盾的治愈力："如果害怕跌落，那么唯一的安全之举就是从容一跃。"

## IV. 提升亲密关系的实用技巧

- 处理我们的感受

不带感情地没完没了讲述一件事是一种逃避，因为这不会带来改变。这种讲述只会让我们不知道自己的真实感受。处理源自事件的感受，会让我们产生一种了结感，从而继续我们的生活。我们离开这个讲述，在这个过程中挣扎，并在更高的功能水平上重新整合。

在处理某种强烈影响一方或双方的情况和事件所产生的感受时，以下处理方式会有所帮助：

1. 识别潜在的感受，并对自己讲出来。这可能需要你与一个看问题客观、思维敏锐且值得信赖的人聊一聊。一旦你知道了这种感受，你就可以探究它的来源。它完全源于当前的环境，还是触发了你生命早期所经历的痛苦，抑或一种旧的经验模式？

只有当你识别出这种感受并了解它的来源之后，你才做好了向伴侣有效地表达这种感受的准备。现在你知道自己真正的感受是什么，有多少是个人层面的或经历层面的，有多少是关系层面的，以及自己要表达什么诉求。不断向自己和他人确认，你所感知到的是现实，还是你脑海中关于你希望某事是怎样的一幅画面。心理画面很微妙，并且会不断诱惑我们。我们需要不断努力修正自己，让自己回到现实中来。

2. 用语言和非语言方式（手势、声音和表情变化、眼泪等）向伴侣表达这种感受。

3. 让你的伴侣承认、理解和关心你的感受。让你的伴侣明确他

（她）在刺激或引发你的这种感受过程中所扮演的角色。由于你是一个负责任的成年人而非受害者，因而你的这种感受并非由你的伴侣所造成，但他（她）对你的这种感受的产生负有共同责任。

此时，你就能精准地判断出这是当前的问题，还是过去遗留的问题。如果这确实是一个的当前问题，无论你得对方到怎样的回应，你都会因为表达了自己的感受而感觉好一些。你会把这一切都当作信息，并要求对方做出补救和改变，但不强求。无论结果如何，你都会轻松释怀。如果这是一个过去遗留的问题，你就会陷入对夸张反应的老调重弹之中，始终认为自己是正确的一方，并且指责他人、要求他人。你会阻碍自己让事情有一个了结，因为你的反应让对方处于防御状态，无法顺利进行沟通。结果，你无法对那些更伤人的东西释怀！在这种情况下，你可以去找那些你看问题客观的朋友或治疗师，努力释放自己过去的痛苦。一个成年人乐于找出自己真正要处理的问题，如此一来，他（她）就可以一劳永逸地将问题解决。

"芥蒂"的真正含义是那些已经固化的旧日感受。每当这些感受被戳中，就会伤害到我们。处理这些感受就是清除陈旧的、痛苦的沉淀物，释放出柔软的、健康的脆弱面，这种脆弱面离我们的表面状态如此之近，并且能在他人身上产生爱的回应。

● 容纳我们的感受

感受本该得到表达和容纳。成年人会表达自己的感受，但不会以此为借口做出自我毁灭或伤害他人的行为。当有人伤害你、激怒你或离开你时，允许自己感受痛苦并讲出来，但不要根据这种感受采取行动。**表达每一种感受，但不要凭感受行事**。你不是在寻求一个保证或报复的机会，抑或是寻找一个操纵或改变结果的方法。你要容纳自己的感受，并且为这些感受负责，就像责任完全在你一样。虽然痛苦是由他人引发的，但如何处理取决于你。你可以采用以下方式来处理：

1. 接受他人行为或决定已经做出的事实，无论你是否认为这一事实合理。

2. 敏锐地感受痛苦，但不要被痛苦支配，以致使你的自尊遭受打击。感受但不凭感受行动，接纳这种经历，而不让其渗透到我们自我价值感的核心。"我承认这个事实，尽管我并不喜欢。这个事实可能变得更好，也可能变得更糟。"

3. 承认这件痛苦的事会让你想起童年时类似的事。关于遭到背叛、抛弃和拒绝的旧日感受，会被这些遭遇的当下版本重新激发。我们当下的强烈感受揭示了我们未曾哀悼的问题。因此，在当下的情境中凭感受行动是不合时宜的！我们当下的感受是对过去感受的重现，因此当下我们并不需要采取行动，只需表达感受，作为哀悼旧日痛苦的一部分。

每段关系都包含一些伤害。受对方伤害之后，你可能会耿耿于怀或伺机报复。这样会让你的怨恨持续存在，使你们无法继续相互承诺。处理并放下怨恨是通往承诺的道路。报复怨恨、对怨恨无法释怀或从此将怨恨作为武器，都是阻碍承诺的绊脚石。

放下对报复的渴望，比报复本身更能让你从痛苦中解脱出来。这是因为当下你们的共同生活以一种无条件的爱的方式继续着。伤痛已经成为得到解决的事实，而非让旧伤无法愈合的阵阵应激剧痛。

在真正的承诺发生之前，每一段成年人的关系都需要经历冲突。每一次挣扎都会帮助你丢掉一个关于对方的虚幻理想，以及一个让你的期望得到满足的虚幻头衔。每一次冲突都会消除假象，从而更全面地揭示出眼前这个真实的人。虽然这个人并没有满足我的每一个需求，也没有达到我的要求，但我依然爱这个人。这就是无条件的爱——建立在现实的基础上，给彼此自由，真正的承诺正是通过这种爱而发挥作用。

心智成熟的成年人承认，感到受伤是人的一种普遍经历，这种经历是意料之中的，但从来不是有意识制造的。这样的成年人可以设法处理伤痛，而非躲避伤痛。所有关于从生到死的神话和宗教主题，都认可痛苦在我们形成完整和真实的自我认同过程中的价值和必要性。每一次受伤都是必要的，只有这样我们才能够走到现在，才能够让这束光透进来。尼采有力地提醒我们："正是这些造成伤害和痛苦之事才促成了伟大的解脱。"

随着健康关系的发展，受伤的感受可以得到处理、化解以及降到最低限度。如果伤害频繁而严重，并且无法得到解决，那就是虐待。这不会带来成长，反而会导致自尊降低和无法弥补的痛苦。心智成熟的成年人会避开这样的关系，远离火线，到更安全的环境中去。

- 做出反馈

不要再回护你的伴侣，让他（她）知道他（她）的行为对你有何影响。没有任何一个成年人脆弱到无法接受真实的反馈。虽然没有人生来就该受到指责，但任何人都可以被追究责任。压抑自己的感受是一种含蓄的应对方式，能够避免那种让你们双方了解到事情到了多么不可接受地步的冲突。然而，你的这种应对方式可能会让自我挫败或虐待行为继续下去。期望对方改变可能意味着拖延时间。应对和期望只有伴随着双方稳定且持续的改变计划才会对你有用。

- 承认对方是正确的

承认对方是正确的。这种做法适用于处理情绪问题和伴侣对你的看法，但不适用于处理涉及财务、生死或虐待的问题，也不适用于处理成瘾问题或导致危险后果的看法。**当你承认一个人的直觉是对的，他（她）的内心就会对你更加开放。同时，你也就放下了自己的好胜心、相反的立场和对抗的状态。**

如果这样做的结果是让你觉得不舒服，那么你就没有抓住要点。我们之所以要承认对方是对的，是因为"正确"并不重要。对正确的渴望是一种基于恐惧的坚持。带着同情心承认他（她）是对的，可以让你们双方都放松下来。恐惧消失了，心情就得到了舒缓，彼此间的信任也会得到强化。

一旦你不再强调自己是对的，你就能真正做到倾听对方。你可以承认对方的感受，并对自己可能存在的不负责任之处尽量做出补救。当你的伴侣似乎对你不负责任时，你同样可以要求对方承认和补救。那么此时谁对谁错已无关紧要，神经质自我的傲慢被崭新的谦逊所取代。

● 处理被亏欠感

总觉得自己受到欺骗，或者觉得别人欠自己什么，这可能会导致你不公平地向他人索取，或者吝于付出。等着讨价还价或要求折扣价可能是你觉得被亏欠的信号。摆脱这种感觉的方法是，慷慨地给予那些你认为亏欠你的人一些东西，并停止从他们那里不公平地索取。

● 处理亏欠感

总觉得自己欠别人什么，这可能会让你在人际交往中讨好他人、过于慷慨或总是委曲求全。你可能会发现，要想从他人那里得到什么，就得亏欠对方。你可能会认为，你必须邀买他人对你的好感，并认为这种好感永远都不是他人主动给予的，或自己无须付出代价的。处理这种感觉的方法是，向那些你认为自己有所亏欠的人索要一份不需要回报的礼物。

● 怀有同情心

我们可能把没有能力付出视为吝啬，或者把没有能力接受而不断付出视为慷慨。我们可能理所当然地将一种冒犯和控制欲强的样子视为好摆布他人。我们可能把不敢直言或接受虐待视为懦弱或被动。我们可能对害怕被拥抱或抚摸的人感到不耐烦。我们可能因为某人不敢表达自己的感受，或某人过于专注于自己的事务而忽视我们，便认为自己遭到拒绝。

当我们允许自己显露柔软的一面时，我们会注意到一个新的层面：每一种负面特质其实都是某种形式的痛苦。没有人希望自己害怕亲近，这种恐惧是一种痛苦！控制欲强的人会感受到压力所带来的痛苦，也会注意到自己的态度会让自己远离他人的爱！我们可以果断地处理所有这些行为对我们的影响：我们可以讲出我们的感受和疑虑，我们可以要求改变。与此同时，我们可以对每一种退缩和坚持背后未受到关注的痛苦报以同情。虽然我们的同情心并不会阻止我们顾及自己，但确实会使我们对他人的痛苦更加敏感。我们的灵性意识越强，我们就越能让自己意识到隐藏在我们评判行为背后那细微的痛苦和恐惧。正如《小王子》中所说，"只有用心去看，才能看得真切。"

灵性同情也可以扩展我们的宽容性和完整性。当我们从一个强大的正常自我出发时，我们的完整性会让我们公平地对待他人。当我们将自我与灵性智慧整合时，完整性会激发一种超越公平的同情，而始终包含公平。

在一段关系中，这可能意味着双方不选择使用相同的自由或限制标准。例如，"当我与外人过从甚密时，你会感到非常痛苦，尽管这种交往并不涉及性。但我对你与外人的交往丝毫不感到痛苦。出于公平，我们双方在这方面的自由度是一样的。出于同情，我放弃行使我的权利，因为这样做会让你受到很大伤害——而我并不要求你以同样的方式来回报我。同时，出于对我的同情，你承诺在心理治疗中处理你的恐惧和嫉妒，这样最终我就可以与他人正常交往，而不影响到你。"

"双重标准"只有在涉及道德问题时才会出现问题，但在处理有意识的同情关系时，"双重标准"是被允许的。

● 暂停一下

在童年阶段，我们可以随意依附、忘形、发脾气或不切实际。明智的父母会在一定限度内允许孩子的这些行为。健康的成年阶段允许我们在这些熟悉（但现在却有些可怕）的方面偶尔放纵一下。我们的内在养育父母允许在一定的时间、地点和责任范围内存在这种弹性。

例如，一对伴侣可能决定周末去度假，并且整天都在一起。另一对伴侣可能选择暂时中断联系或分开休假。这些情况可能是计划好的，也可能是一时兴起，但都是有时间限制的、有意识的，以及双方商量好的。通过这种方式，我们既可以遵循成年人的日常作息，又可以没有顾虑地休息。

我们每个人都包含着人的各种可能性的对立面。要想做到完全理智、务实、冷静和勇敢，我们需要偶尔体验一下另一面。"暂停一下"提供了这种创造性的补偿。自我许可与时间限制的结合，是对愚蠢地坚持那些"牢不可破的真理"的一种幽默的挑战。我们尊重这些真理，但为了愉悦而选择忽略它们，就像奥德修斯利用智慧，既享受了海妖塞壬的美妙歌声，又安全地驶过。

- 用智慧做出决定

在心灵问题上，具有讽刺意味的是，思考只会带来更多的困惑。最有效的方法是只关注以下情况：

——你的身体感觉如何；

——你采取了什么行动；

——你的何种直觉一直重复出现？

关注会带来了解。你可以相信这一点会自动发生。费神思考可能只会徒增困惑。当我们关注身体、行为、内在智慧这些不会欺骗自己的部分时，下一步的最佳选择就会出现。当我们从容不迫地做出决定，并且这个决定在这三个方面都显得自然圆融时，我们就会觉得自己的决定是正确的。

用智慧做出的决定通常会找到一种方法，既不完全排斥对方，也不是非此即彼，而是两者兼顾。这样的决定可以让我们接受风险，而非回避风险。这是一种有力量，但又不去支配他人的决定；一种尊重他人的意愿，但又表达自己诉求的决定；一种承认自己的过往，但又不受其束缚的决定。

在做出任何严肃或持久的决定之前，先考验一下自己是否在六个月内每天都想这样做，例如"在我同意确定婚期之前，我必须在六个月内一直都想和你结婚"。

如果你对是否要与前任重修旧好犹豫不决，也可以采用同样的方法。与其否认或抗拒自己的意愿，不如告诉自己，如果你在六个月内每天都想和前任复合，你就可以寻求复合。这样你就不会感受到压力或自我否认，而是感受到一种经得起时间考验的许可，并确保自己不会仓促做出决定。

- 打破一成不变

就像一艘停泊在无风港口中的帆船，伴侣间的关系有时会停滞不前。没有快乐，没有矛盾，也没有改变的动力。"如果他出轨了，我至少还有理由离开！"但他没有任何挑起危机的迹象。我面临着完全成年人式的困境，没有人可以责怪，也没有人可以中断这种乏味的生活。我们就这样在一潭死水的状态中生活下去。

狄更斯小说《荒凉山庄》（*Bleak House*）中的戴德洛夫妇是如何打破这种困境的？两人中对无聊容忍度较低的一方采取行动。他为了自己的快乐做了一些不一样的、突然的、令人意外的事情。这就使他们将注意力集中在二人共同的空虚之上，并激发了剧烈的改变。

无论这种改变是"为了变得更好还是变得更坏"，都会将你吹离这个沉闷无波的港口。

● 关系的终结

在令人痛苦的关系中，有多个层次的失落。每一层都是一种失望；每一层都会打破一个幻想；每一层都需要哀恸治疗。

按照以下示例可以检查一段已结束关系中的失落：

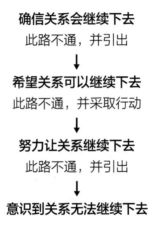

**确信关系会继续下去**
此路不通，并引出
↓
**希望关系可以继续下去**
此路不通，并采取行动
↓
**努力让关系继续下去**
此路不通，并引出
↓
**意识到关系无法继续下去**

在一段真正有意识的关系中，伴侣双方都会注意到这些结局，并为每个结局所导致的特定失落而难过。遗憾的是，在大多数关系中，这些转变不易察觉，也不会得到哀悼。因此，当一段关系结束时，我们将面对所有这些未得到处理的额外伤痛。最明确的信号是某种失望、苦涩的怨恨以及自怜，这些感受可能会持续数年之久。

适当的哀悼发生在当下。这种哀悼伴随着每一次成功的机会。真正的哀悼并非始于分手，而始于爱情的结束，然后在每一次希望破灭之后重新开始。那些未受到注意、未得到处理，以及从未叫出名字的伤痛实际上会导致关系的破裂。挫败感、愤怒感和自责感啃噬着种种爱的纽带。然后，我们会处于抑郁的阴影之下，永远不知道真正的原因。

双方一起进行哀恸治疗有助于建立亲密关系，因为这意味着有意识且安全地分享感受。当我们在温柔的同情中感受彼此的难过、愤怒和痛苦之时，承诺就会得到强化。这种允许持续的难过和持续的爱共存的能力，可能会阻止失败关系的持续恶化。

第1章所概述的所有哀悼步骤都适用于处理一段关系的结束。关系越糟糕，所需哀悼的时间就越长。这是因为我们不仅要放下伴侣和这段关系，还要放下对这段关系所抱有的不切实际的希望。

在情感危机时期，必然会出现睡眠障碍和食欲失调。重要的是要照顾好自己，有规律地饮食和休息。同样重要的是，在不使用药物或酒精的情况下，要以令自己最愉悦的方式来对待自己，以避免产生压力。这种自我抚慰和自我保护的结合，可以让我们以最佳状态来面对和处理失落。

压力让我们无法清晰地思考，因而在此期间，做出冲动的决定——尤其是涉及财务、财产、法律事务或搬家的决定——是非常危险的。有任何想法都是合理的，但采取行动要做长远考虑，并事先询问那些看问题客观的朋友。

分手会导致自我怀疑。你或许认为自己可能再也找不到一个合适的伴侣。这种认识所带给你的信息不是关于现实，而是关于你受到了多大的伤害。这是对哀悼的恐惧，随着哀恸治疗的进行，恐惧会逐渐消退。在分手和哀悼的过程中，你逐渐发现某些关于自己（和伴侣）的事情让你感到惊讶和沮丧。你认为自己孑然一身，面对着令人绝望的空虚。这种空虚与大多数人在恋爱期间所回避的空虚别无二致。当我们不再否认，并承认自己的阴影面时，空虚就会张开它的大口，放我们出去。

哀恸治疗通过对感受的宣泄，真正并最终弥合了这一深渊。我们接受并原谅自己的不完美，并在适当的时候做出补救。然后，空虚就刚好变成了我们需要的开阔空间，让我们真正接受自己，并振作起来。

产生强迫性或自我伤害的想法，以及一遍又一遍地讲述自己的遭遇都是极为正常的，而且是受到允许的，就像慈爱的父母允许孩子一遍又一遍地讲述他（她）的噩梦一样。重要的是，不要依据任何试图伤害自己或惩罚对方的感受或想法行事。把这些感受和想法容纳于自己内心和自己的支持系统以内。

最有效的方法是，让每一种感受和想法穿过你，就像优秀的徒步旅行者穿过森林一样：什么也不带走，什么也不留下。无论这些感受和想法看起来多么不合理或难以接受，都不要试图去驱散它们、解读它们或阻断它们。就像爱克哈特大师所感叹的那样："生活的唯一方式就是像玫瑰一样：不问为什么。"

分手之后不要过早与前任联系。你认为自己有话要对他（她）说，这种想法可能掩盖了你想改变他（她）、惩罚他（她）或为自己开脱的操纵行为。这会干扰你面对分手的事实及对分手的哀悼。

对前任的爱、愤怒和恐惧都是正常的，因为你们之间的基本纽带由于分手而被破坏，却并非被终结。这种纽带是无条件的，是背叛、改变或分手所无法影响的。在真正的哀恸治疗中，我们承认这种纽带，但不再依据这种纽带行事。这种纽带依然存在，但彼此不会再来往。此时，我们可以容纳对前任的爱，而无须照顾对方；我们可以容纳愤怒，而无须从中获得满足；我们可以容纳恐惧，而无须想方设法避免偶遇。

当你处于单身状态时，这种人生的空窗期是进行哀悼的绝佳时机。当你和新的伴侣在一起时，你无法进行哀悼。当一段关系结束后，心智成熟的成年人会留出充足的独处时间，以完成哀悼并处理从中所学到的东西。随着时间的流逝，接下来，准备好开始一段新的关系。我们既不必寻求，也无须逃避，而是让新的关系自然而然地到来。这样做就是把自己交给与宇宙万物同步的时间节奏，而不是内心的紧迫感或社会压力。

离开熟悉状态的困难之一是，在情感的果实成熟之前，结束戏剧性变化。失去一切熟悉之物的感觉就好似一台吸尘器要吸走它所能触及的一切。

令人难以理解的是，当可怕的遭遇带来了一种致命的缺失时，这种空白可能会成为一种"盈空"（Fertile Void）状态。"盈空"是一个存在主义的隐喻，指的是放弃当下熟悉的支撑物，相信生命的冲力会带来新的机遇和图景。

——格式塔治疗师和理论家欧文和米里亚姆·波尔斯特

夫妇（Erving and Miriam Polster）

《格式塔整合疗法》（*Gestalt Therapy Integrated*）

# 亲密关系中的成年人

## 亲密关系中的"假定事实"：不切实际期望的解药

一段关系中的所有要素都会经历如下阶段：亲密、爱慕、性吸引力/精力、对组成家庭和生小孩的承诺、默契以及自我袒露。

只有在极少数情况下，一方的爱与另一个方的爱是相同的。

对双方来说，彼此的优先次序处于不断变化之中。双方结合的完整性可能并不总是被优先考虑。

没有任何一段真正充满爱的亲密关系会剥夺——或者可能剥夺——你的任何基本人权。

只有始终允许亲近和疏远的比例存在动态变化，亲密关系才能长久维持下去。

你们或许正在无意识地用造成你们关系疏远的东西去疏远彼此。

最好的亲密关系包括你有追求个人选择的空间，以及充满同情地关注你的伴侣可能感受到的任何威胁。

没有人可以控制或改变他人，也没有必要这样做。

没有人可以时时刻刻地保持忠贞不渝和真诚坦白。

任何期望都是无效的，就连协议也并非永远可靠。

你的伴侣可能并非永远是你坚定的、抚慰的或值得信赖的朋友，反之亦然。

你终究是孤独的，并且终究能够独自承受这种孤独。

任何关系都不能创造自尊，而只能支撑自尊。

没有任何一个让你快乐或迷恋的人，能像你深爱的父母一样爱你，或者弥补你所缺失的来自父母的爱。

在关系中，大多数人几乎不知道自己真正想要的是什么，几乎不去告知对方自己真正想要的是什么，也几乎不会表达自己的真实感受。

大多数人回避或害怕亲密关系、始终如一的诚实、强烈的情感，以及不受压抑的愉悦。

在你对伴侣发出的每一个严肃的抱怨之下，都隐藏着一些你在自己身上不愿承认的东西。

放下指责和对证明自己正确的渴望，能最有效地修复关系。

嫉妒心和占有欲虽然不受欢迎，但属于人之常情。

大多数人很少明确地道一声"再见"，而是一言不发地离去，以免直面冲突。

当一段关系结束时，没有人应该受到指责。

一段关系的结束总是需要一段时间，然后才能健康地开始另一段关系。

回忆、悔恨、报复的愿望，以及反复出现的失落感，在一段关系结束后长久挥之不去，这很正常。

你的父母（或者伴侣的父母）的幻象贯穿你们关系的始终。

新的伴侣所散发出的强烈吸引力可能会让你更多地了解自己的需求，而非对方的魅力。

一段关系就是一条灵性之路，因为它是由不断剥离各种幻想的过程所构成的。

> 永生永世，
> 我原谅你，
> 你原谅我。
>
> ——《破碎的爱》（*Broken Love*），诗人威廉·布莱克
> （William Blake）写给妻子的诗

# 第三部分

# 整合

Part Three

**Integration**

09

# 灵活整合的艺术

如果我们足够细心、足够热爱或者足够耐心，我们可能会惊奇地发现在经验的核心，存在着一种秩序和连贯性。

——作家劳伦斯·杜雷尔（Lawrence Durrell）《贾丝廷》（*Justine*）

自我整合的过程是容纳的过程，而非去除的过程。当我们轻松地全方位容纳自己的思想和行为（无论是积极的还是消极的）时，我们就实现了健康自我的整合，换言之，"我现在更坚定自信了，不过偶尔会有些消极。"倘若我们要求彻底去除自身的所有缺点，我们只是在苛求自己。

整合是一个人性的，而非机械的过程。整合的过程存在着我们无法掌控的独特时机。整合并不意味着问题已经一劳永逸地得到解决，之后永远不会再出现。例如，"我越来越能理解你的感受，但这并不意味着我会一直陪在你身边。"

整合就是轻松地容纳变化范围的两端。例如，我们会真实地自我呈现，同时我们依然偶尔会有所掩饰。整合并不是改变一切，而只是对生活比例的重新调整。我们的心态更加开放，同他人交往更加不设防，但这两种处世方式仍然会出现在我们的整体行为之中。

在一夫一妻制的关系中，我可以对他人产生欲望。整合并不意味着通过根除欲望来违逆自己的感受。我容纳这种欲望，但并不付诸行动，而是探究它可能对我（和我们）意味着什么。通过这种方式，我既可以忠于自己的内心感受，又可以忠于我和伴侣之间的婚恋关系。

一旦我们认识到，真正的改变并不一定要变得全然不同，我们就会更轻松、更快乐。我们满足于积极因素的增加和消极因素的减少即可。我们会更加尊重转变过程中那美妙且不可捉摸的时机，而这种转变总是部分依赖于努力，部分依赖于时机。我们承认，并希望他人也承这一点，无论是在我们自己身上，还是在他们身上。平和的智慧充满了宽容，将所有状况都平等地视为存在的装饰。

我就是我的当下，也是我的过去，所以新的顿悟都会与旧的信念共存。我不再试图摆脱旧的信念，而是不再依其行事。我允许旧的信念继续存在，同时我越来越多地根据新的、更为明智的信念行事。我同时容纳新的行为以及旧的信念与习惯：

1. 我接受种种挑战，虽然仍感到害怕。

2. 我信任他人，虽然仍心存疑虑。

3. 我选择可能带有一丝风险的愉悦。

4. 我放下了惩罚他人的念头，虽然仍有想去报复的感觉。

5. 我表达了自己的诉求，同时允许这种强烈的渴望作为愿望保留下去。

6. 我的自尊与偶尔的自责并存。

7. 我感到焦虑，却不会向他人发泄。

如果这种比例始终保持不变，或不断向消极和自我挫败方面转变，那么我们就不会进步。如果这种比例向积极方面转变，哪怕只是一小会儿或一点点儿，我们都是在成长。

当我们将自身感受的全貌简化为一个单一的判断时，我们就知道自己并没有整合这些感受。例如，"我困在情绪里，走不出来了"也可能意味着"我感到抑郁、难过、自怜，并且拒绝让自己振作起来"，或者"我是一个慈爱的父亲"可能需要扩展为"我在很多方面都是一个慈爱的父亲，但有时我也有控制欲，会把自己的期望凌驾于孩子的需求之上"。

当我们忽视自身感受和行为的全貌时，留意这一点，然后承认我们所缺失的部分，这会提升我们对自身深度的感知！"从现在起，每当我评判自己（或他人）时，我会运用增加四个形容词这种技巧，而这四个形容词在某种程度上也是符合事实的！"

坦诚地向他人承认，你有时成功，有时失败；有时你能帮到他们，有时你会让他们失望。当然，比起让某人失望，你更愿意为其提供帮助。你要做出的不是完美的表现，而是对补救失败和补偿损失做出承诺。这是一种灵活的（因此也是成年人的）自我呈现，可以避免他人绝对依赖于你，或被他人判定为绝对不值得信赖。正如英国红衣主教纽曼所言，"活着就是做出改变，而要想完美就要经常做出改变。"在行为上僵化地追求完美严重违背人性。这种时刻紧张、压抑的警觉所代表的不是成就，而是自我损害。

如果自我实现意味着我们必须完成所有内在修行，并且必须表现完美，那么我们就选择了永远不会幸福。没有任何人可以做到那种完美，也许可以片刻做到。如果整合意味着完全容纳一个过程，那么正如锡耶纳的圣凯瑟琳所言，"走向天堂的每一步都是天堂。"我们当下以及在整个旅程中都是完整的。

英雄之旅这一比喻非常有力地说明了这一点。这条道路上的每一步都是神圣的：初次跨越门槛、奋争、带着更高觉悟的回归。英雄始终是完整的，因为他们依据此时此刻呈现在他们眼前的挑战而行动。因此，奋争与奖赏在价值上是相等的，因为二者都是对那一刻所能给予之物的尊重。当我们面对恐惧，处理并整合恐惧时，我们就拥有了完整的自尊。因此，正如荣格所言，"完整性是完整，而非完美。"

化学元素保持严格的分离和独立时无法转变为新的东西。当我们将化学元素混合在一起，并存放在一个容器中时，它们就会变得比原来各自的状态更加丰富。心灵就是这样一个容器，容纳了我们内心共存的不同想法和感受，无论它们看起来是多么不可能相互融合。"对立之物的神圣结合"恰好成为一个古老且普遍的灵性圆满的象征。

我尝试帮助他人……通过帮助他们接触到他们的温柔和力量，体验他们灵性上的联结。我认为不存在瞬间出现的亲密关系或灵性——这都是在我们身上逐渐形成的。要想获得……我们需要看到……我们生来就是为了进步……，这是一个不断成长的事物——其中没有恐惧。这种理念我们并非闻所未闻。但在过去，我们中的大多数人……说："他们超越了我们，他们是神圣的……我们只不过是凡人，所以我们无法建立同样的连结。"但现在，我们开始明白我们可以做到。

——心理治疗师维吉尼亚·萨提亚（Virginia Satir）

# 10

# 与阴影为友

在人生道路上，我们以千百种伪装与自己相遇。

——荣格

**阴影**是无意识的原型，代表我们内心被恐惧、否定、忽视、禁止以及排斥的部分。约瑟夫·坎贝尔将阴影称为"我们尚不敢去整合、不愿去面对或感到抗拒的种种心灵力量"。我们将这些力量抑或特质投射到与我们相同性别的其他人身上，并对其产生强烈反应。

**负面的阴影**是由那些我们无法接受并否认的自身缺点所构成的，我们强烈谴责他人身上的这些缺点。我们意识不到自己身上也存在这些缺点，却能从他人身上强烈感知到这些缺点。

**正面的阴影**是由那些隐藏在我们内心的优点所构成的，我们强烈钦佩或嫉妒他人身上的这些优点。我们自觉地敬佩他人身上的这些优点，却否认自己内心也存在这些优点。正如爱默生所言，"在每一部天才的作品中，我们都能发现那些曾遭自己摒弃的思想。它们带着某种疏离的高贵感，回到我们身边。"

## 我与它

阴影将我们的一部分"我"（真实的自己）转变为"它"（似乎只存在于他人身上的部分）。与阴影为友意味着通过收回——重新收集——所有被投射和放逐的部分，来恢复"我"的完整性。正如弗洛伊德所言，"它曾在哪里，我就该在哪里。"

我们排斥和否认的东西会变得比其自然状态更为巨大，并且会转而攻击我们，让我们感到恐惧。我们因此受到自身被忘却部分的伤害。要想重新收集或整合我们的投射，就需要承认它们并让它们回归。然后我们才能容纳自我的所有组成部分。这就是心理疗愈的意义所在：承认我们曾经否认的，并恢复我们自身力量的完整构成。

我们可以暂时放下抗辩，承认并允许"他人身上"的负面阴影也存在于"自己身上"。接着，我们就会自然而然地发现其正面价值和个人成长的内在核心。放下抗辩就是摆脱自我的神经质依附，以实现一种一以贯之的健康自我。

在"美女与野兽"的故事中，贝儿在野兽仍然丑陋的时候接受了他，从而发现了那个同她一样美的王子，也就是她的伴侣、她缺失的部分、她的另一半。她收集了曾经让她感到恐惧和被剥夺的能量。她的敌人因而变成了她的盟友，后者不再显得比其自然状态更为巨大，而是与其自然状态等大。她从他的身上找到了自我认同。这就是灵性自体（spiritual self），在每个人身上并无不同，通过无条件的爱得以释放。

## 整合正面的阴影

整合正面的阴影就是承认在我们对他人的敬畏之下，我们自身还存在尚未被开发的潜质。我们开始承认并从内心释放出我们所欣赏的他人身上所具有的才能和特质。起初，这意味着运用"假装好像"法，但很快，我们就能从容不迫地行动起来，我们甚至可以获得更多隐藏的力量。

## 整合负面的阴影

为了整合负面的阴影，我们可以承认——起初并没有看到理由——我们自身存在我们所贬低的他人身上的特质。我们放弃指责，并发现了一个有价值的内核。然后，我们在自己身上发现了，与我们在别人身上看到的负面特质相对应的正面的，但仍然沉寂的东西。在一切负面的东西中都隐藏着一些鲜活且美好的东西，它们希望属于我们（就像封印在野兽体内的王子希望属于美丽的贝儿一样）。负面只意味着尚未通过有意识的整合得到救赎。

以下是与负面的阴影相对应之物。当你认识到别人身上有你强烈反感的东西（左栏）时，你要迫使自己接受与之相对应的正面且鲜活的特质（右栏）。

| 你所投射的部分<br>如果他人让你感到强烈不适的是如下特质： | 你尚未承认的部分<br>那么你就拥有，但可能没有运用如下特质： |
| --- | --- |
| 上瘾 | 意志坚定 |
| 焦虑 | 兴奋 |
| 寻求认可 | 乐于欣赏 |
| 傲慢 | 自信 |
| 偏见 | 有洞察力 |
| 怨恨、记恨 | 拒绝忽视非正义之举 |
| 看管 | 同情 |
| 依附 | 忠诚 |
| 妥协 | 协商 |
| 强迫性整齐 | 有条理、高效 |
| 哄骗 | 教导、鼓励 |
| 纵容 | 制订明智策略 |
| 控制、操弄 | 领导、高效、协调能力 |
| 怯懦 | 谨慎 |
| 残忍 | 愤怒 |
| 狡猾 | 深谋远虑 |
| 防卫 | 有准备 |
| 苛刻 | 诉求 |
| 依赖他人 | 合理信任他人 |
| 奉承 | 赞许 |
| 蛮勇 | 英勇 |
| 贪婪 | 自给自足 |

（续表）

| 你所投射的部分<br>如果他人让你感到强烈不适的是如下特质： | 你尚未承认的部分<br>那么你就拥有，但可能没有运用如下特质： |
| --- | --- |
| 内疚 | 尽责 |
| 敌意 | 魄力 |
| 虚伪 | 运用"假装好像"法的能力 |
| 不耐烦 | 热忱 |
| 冲动 | 自发 |
| 不胜任 | 乐于尝试新事物 |
| 优柔寡断 | 接受各种可能性 |
| 反应迟钝 | 客观 |
| 恐吓 | 对抗 |
| 嫉妒 | 保护欲 |
| 妄下结论 | 直觉 |
| 缺乏条理 | 灵活、有弹性 |
| 懒散 | 放松、自在 |
| 孤独 | 乐于抚慰 |
| 喋喋不休 | 思路清晰 |
| 说谎 | 富有想象力 |
| 过度需索 | 请求尊重合理要求 |
| 谄媚 | 敬重 |
| 完美主义 | 承诺把事情做好 |
| 拖延 | 遵循自己的节奏 |
| 刻板 | 执着 |
| 讽刺 | 幽默机智 |
| 自私 | 自我抚育 |
| 自怜 | 自我宽恕 |

（续表）

| 你所投射的部分<br>如果他人让你感到强烈不适的<br>是如下特质： | 你尚未承认的部分<br>那么你就拥有，但可能没有运用如<br>下特质： |
| --- | --- |
| 迫于无奈 | 选择 |
| 狡诈 | 机敏 |
| 屈服 | 合作、随和 |
| 愚直 | 真诚、坦率 |
| 视为理所当然 | 承担责任 |
| 复仇 | 公正 |

由此，我们可以找到一种处理负面阴影的方法：

当他人表现出**控制欲**时，我会非常不满。

我承认我也有**控制欲**，尽管我现在可能还没发现。

我的**高效和领导能力**还没有得到充分发挥。

我选择假装自己好像有很强的**领导能力，而不表现出控制欲**。

然后，一种自然而然的转变就会带来以下三种结果：

1. 他人的控制行为将仅仅变成观察对象，而你并不受其影响。

2. 你自身不易察觉的控制行为会消失。

3. 你的协调能力和领导能力会自然而然地显露出来。

只有真正属于我们自己的东西才有治愈的力量。

——卡尔·荣格

# 11

# 梦与命运：在黑暗中看见

梦会在一些重要情况发生很久之前就做出预示、通知或警告。这不是奇迹或预知。大多数危机都会在无意识中潜伏很长时间。

——卡尔·荣格

梦是来自无意识的信息，告诉我们在人生道路上自己所处的位置，我们的挣扎所在，以及我们的命运在何处等待着我们。

我们的命运就是让意识之光穿透我们自身和我们的世界中那些沉寂的黑暗角落。梦把我们带到这些角落。梦告诉我们那些我们尚未知晓之事，而非我们已经知道的。就像"阴影"一样，梦向我们展示了我们隐藏的面孔，即我们身上被自己否认或忽视的各个侧面。

那些被我们排除在有意识生活之外的东西，会在梦中向我们走来，要求我们将其容纳进去，换言之，要求并入我们的完整性之中。

从这个意义上说，梦调和了有意识和无意识，以另一种方式描述我们的命运。

梦是转变的媒介。当我们倾听各种梦时，它们会引领我们进入更深的、内在的、尚未被发现的世界。"更深"意味着在我们有意识生活和无意识生活之间建立了更强有力且更丰富的纽带。

## 关于梦的实用信息

每个人每晚都会做梦，通常梦与梦的间隔时间为90分钟。前半夜的梦可持续1~2分钟，后半夜的梦可持续长达1小时。梦被储存在短期记忆中，因此很容易被遗忘，无论我们最初醒来时对梦的记忆有多清晰。我们做的梦都是彩色的，但我们最先遗忘的是梦的色彩。

梦会利用前一天发生的各种事作为素材来讲故事。因此，不要用"我做这个梦只是因为昨天我……"这样的说法来淡化或低估梦的意义，这一点非常重要。

任何人都能记住梦：

1. 不要说"我不记得自己做过的梦。"

2. 在白天和入睡时确认："我记得我做过的梦。"

3. 当你躺在床上等待入睡时，进行自我暗示："我会及时醒来，记录我的梦，并且会轻松重新入睡。"

4. 在床边放好纸、笔和灯，醒来后立即写下你所记得的梦中的一切，无论多么零散破碎。如果一开始什么也记不起来，那就写下当时脑海中浮现的任何东西。只要练习，就会有所收获。不要写成段落，只用简短的文字写出梦的要点即可。包括梦醒后的感受、梦中的气氛和色彩，以及梦中的场景、情形和结尾。

5. 坚持写梦境日志，每天把梦的全部文本内容抄录其中。

6. 向他人讲述你的梦。

7. 每天运用"积极想象法"（见后文）。

通过以上7种方式来重视梦，能让你更容易记住梦，并接收到梦所传递的信息。荣格说："关注无意识就是对它的尊重，能换得它的合作。"

## 反复出现的梦

大多数人一生中或一生中的某些时期都会反复做同样的梦。这些重复出现的梦可能有以下目的：

1. 补偿有意识生活中的缺失。

2. 预示变化、过渡或灵性转变。

3. 吸收身体或心理创伤（因为重复可以极为有效地吸收冲击）。

4. 对毫无准备、耽搁、失控、世俗灾难、僵滞，抑或关于拯救的幻觉表现出正常的焦虑。

在处理反复出现的梦时，只需注意这些梦的细节有哪些变化，并指出它们所呈现问题的整合程度增加或减少即可。然后，让反复出现的主题告诉你，你的焦虑、难过或缺失在哪里，以便你能相应予以更多关注。

反复出现的梦与其说需要加以解读，不如说需要将之耗尽。这些梦就像戏剧一样反复上演，直到整合及了结自然而然地发生为止。

## 噩梦

噩梦是一种让我们从恐惧中醒来的梦。这是一种来自内心的冲击治疗。这是无意识强调其信息的方式，使其如此异乎寻常，以至于必须引起我们注意。重要的是，要让噩梦继续下去，越过恐惧点，直面可怕的人物，并询问他们的意图。我们可能无法在梦中做到这一点，但可以在梦醒后通过重新想象来实现。

请记住，可怕的噩梦和梦中粗暴或嗜虐的形象，并不意味着你就是一个内心阴暗可怕的坏人。我们每个人的内心都储存着各种可能的人类形象，就像字典一样中立。

没有什么梦是不好的梦。每一个梦都可以向我们提供我们所需的信息，告诉我们哪些东西还没有被揭示，还没有被转化。梦中的恐惧显露了想要与你成为朋友的阴影。把"这个梦告诉我，我的状况有多么糟糕"这种说法改成"这个梦告诉我，我有多么需要了解这一点，解决这一点，抑或接纳这一点"。

## 孵梦

孵梦是一种古老的做法，在希腊神话中医疗之神阿斯克勒庇俄斯的神庙中得到了广泛的应用。孵化一个梦就是唤起一个梦，以回应当下自己所关心之事。实际上，当你这样做时，你是在请教自己的完整性，而后者通过梦向你传递智慧和疗愈。

这里有一个三段式技巧，可以促进这一过程。首先，在白天和入睡时，专注于自己所关心的事或问题。其次，向你的内心寻求答案。最后，如果你得到了答案，就许诺献上一份礼物作为答谢。礼物的形式可以是帮某人一个忙、做一次义工，抑或捐一笔钱等。

## 积极想象

梦源自一种比自我更大的内在知识，但这种知识需要自我的配合才能被理解。我们那不识字的人性以近似、象征和隐喻的方式来表达，将我们与自己分裂的部分重新联结起来。梦中的每个人物和事物都象征着需要引起我们关注的自己的一部分。各种象征是高度个人化和个性化的，因此那些为其做出诠释的书没有什么价值。

"积极想象"是一种荣格心理学的技术，用于与无意识中的各种象征互动，并找出它们的独特含义。这是一种意识与无意识之间的合作，我们通过与梦中的人物进行对话，发现并激活他们想传递的信息。实际上，每一个强大而有吸引力的意象（尤其是那些多年持续存在的意象）都可以运用这种技术来进行处理。

有意识地探索一个从无意识中产生的意象，意味着感受自己最深层的部分。积极想象之于自性，就如同疗愈过程之于自我。意象之于自性，就如同思想之于心灵。

在积极想象中，各种象征揭示并激活了关于我们自身的隐藏真相。任何可以被形象化和想象的事物，因而都可以成为自我袒露和灵性转变的载体。

荣格在谈到这一点时指出，"神话和象征所表达的心理过程远比最清晰的概念更深刻、更明确，因为象征不仅可以传达一种形象化……还可以传达一种再体验。这是一种我们只能通过温和的共情来理解的朦胧状态，过于明晰反而会将其驱散。

## 积极想象的形式：

I. 用冥想来清空你的思维。（冥想技巧示例见下一章。）

II. 确定一种倾听你的无意识的态度，而非对其发号施令。
"我向内心的信息敞开心扉。"
"我已经准备好了解我需要了解的东西。"
"我承认我的想象是一种治愈能力。"

III. 用文字、图画或动作与意象进行对话，而不对其进行解读。
这种对话是从一种内在感受中发展起来的：
● 我接收到这个意象，而非我喜欢这个意象。

● 这个意象所传达的内容并非来自我的提示。

● 我的回应不依赖于逻辑或论证。

● 我的种种本能直觉。

IV. 创造一句宣言，宣布在这一过程中所产生的任何结果，例如"我越来越宽容。"

V. 进行一个仪式或行动，以执行这个结果，并对收到礼物表示荣幸。

以下是一种处理意象的方法：

1. 画一个圆圈，在圆圈中用一幅图画或一个词语来代表意象，并以8条线将圆圈8等分。在每条线上分别写出与意象相关的联想。不要写同义词、定义或简单的描述。也不要像自由联想那样，一个词基于前一个词。让每条线上的联想都回到原始意象上来，并且让一个词或短语自然而然地出现。

2. 从这8个联想中选出最异乎寻常或最令你惊讶的一个。

3. 将其转换为一个对你的提问或你的一个要求。

4. 不假思索地做出回应。

5. 唤起原始意象的力量，将这个回应转化为一个切实可行的计划。

## 意象与静观

上文概述的积极想象技术对处理梦境很有帮助。同时，梦中呈现的意象具有某种超越性力量。只停驻于意象，而不试图从中思考出某种信息，这本就是一种静观的方式。这种与意象的共情可能会带来一种微妙的内在转变，从而使处理梦境更富灵性。

荣格将心灵与意象同一化。在超个人背景下，梦中的意象独立于心理建构，既不指向另一个现实，也不由其决定。它不是想象的产物，而是自我的真实写照。它不是一种象征，而是一种现实。

当我们停驻于意象时，意象会自己阐述意义。我们强加给意象的意义，或从意象中寻求的意义，只会让意象沉默。意象是用来旁观的，而不是用来理解的；意象是用来保护的，而不是用来消耗的；意象是用来尊重的，而不是用来使用的。相信出现在你梦中的意象。意象就是你的真实呈现。

> 有一种内在的完整性，将其未得到满足的要求压在我们身上。
>
> ——荣格分析师艾玛·荣格（Emma Jung）

## 12

# 自我/自性的轴心：
## 心理和灵性相会之处

在和解的时刻，各种伟大的奇迹出现了。

——卡尔·荣格

## 自我与自性的统合综效

心理修行和灵性修行——二者都是人的全面觉悟所必需的——随着生命的展开，既需要分开进行，又需要同时进行。有效的心理治疗同时关注自我与自性，并且是帮助我们实现改变和转化的主要形式。

心理修行是一个遵循线性时间顺序进行的过程，引导我们从问题到解决方案，从欠缺到健全，从异常到相当正常。

灵性修行则是一个从神经质自我的强迫性依附，到以此时此地为中心的自性的旅程。这一旅程没有目的地，就像自我以努力为导向的修行一样。这是一条带我们回归我们自身的道路，在那里，所有之前似乎不可调和之物的神圣结合都在等待着我们。生活中的一切从此变得协调。这一切正是我们实现有意识的完整性命运所必需的。**荣格在临终前写道："我的使命就是创造更多的意识。人存在的唯一目的就是在纯粹存在的黑暗中点亮一盏灯。"**

自我最根本的修行是创造足够理智的土壤，使自性能够生长出那朵以光为生的永不凋零的玫瑰。自我修行和灵性修行都结合了努力和毫不费力的转变。我们自己向前走，同时也被驱使着向前走，就像骑手策马前进，然后沿着马前进的方向前进一样。我们在自我修行中所采取的步骤，会让我们温和而自然地转向顿悟，以及更健康的存在和交往方式。灵性修行让我们转向开悟，即让光穿透我们！冯·弗兰茨说："开悟是完整性带来的光。"

在编织出我们人类织锦的这两股丝线中——就像在进化过程中一样——偶尔也会出现意料之外和不可预测的量子式增长突发期。接着，我们就会获得超越我们通过自身努力或控制所能获得的进步。我们开始注意到我们内部和周围新的力量或智慧的源泉。对于这样的奇迹，我们唯一的回应就是感恩：这是我们与可见或不可见的自性之间最有效的沟通方式。

心理修行和灵性修行相辅相成的一个例子就是处理童年的创伤。在心理上，我们通过哀悼过去和自我抚育来处理种种情绪。在灵性上，我们将过去的经历作为当下的疗愈意象来处理。这些意象可能会揭示出伤害我们的东西也使我们变得有意识。我们需要我们生命中的所有经历——无论是正面的还是负面的——来让我们在情感和灵性上变得富足！正如禅宗所言，"我的谷仓烧毁了，我因而可以看到月亮。"

就像我们学着尊重时机一样，我们可能会注意到，生活中，我们在侧重于心理修行和侧重于灵性修行之间来回切换。在某个时期，我们的主要动机可能是寻找和应对挑战，把握和深入参与某些事业和人际关系。这是正常自我的修行，理应优先于放下。在另一个时期，对我们最好的选择是减少拖累、放松和放下。这是灵性层面的舒展，优先于种种自我的目标。

心理修行最终引导我们实现解脱，并达成改变的目标：更健康的自尊和更富有成效的人际关系。灵性修行则引导我们不断转变意识：一个不断实现的自性，可以与内在的治愈力量保持联系，不仅为我们自己，也为他人带来治愈。在这种转变的状态中，我们会感受到一种神圣和恩赐，一种与万事万物融为一体，充满喜悦和爱的宏大统一性，一种明显对立之物的和解，并领悟到虽然一瞬间可以同时知晓这一切，却无法用任何语言来形容。

## 自性化的轴心

作为人类，我们的自性化，即成熟的自我实现，永远不可能在那抛开自我或肉体的无形无质的灵性中实现，也不可能在对灵性极为恐惧，又保持膨胀的幻觉，认为自身无可超越的神经质自我中实现。只有在自我和自性的轴心，我们才能获取我们所有的力量，并展现我们内心永恒的东西。"这必朽坏的总要变成不朽坏的，这必死的总要变成不死的。"

在这样的平衡中，自我再也不会把任何短暂的现实当作永久可靠的东西紧抓不放。《浮士德》中说："你真美啊，请停一停！"相反，自我享受着一种持续的游戏，即抓住和放下、给予和接受，以及努力于可改变之事，坦然于不可改变之事。

接着，对于"过去的、正在过去的或即将到来的"，自性可以无条件地、充满爱地道出它唯一知道的词："好的"，而这一切只发生在当下。

荣格在临终前写道："到头来，生命中值得讲述的事件，只有那些从永恒的世界中喷发到这个短暂的世界中的事件。"毕竟，我们的旅程是从短暂的世界到永恒的世界，即从自我依附出发，经由自我力量，抵达无条件的爱，这就是我们的灵性自体。

## 冥　想

冥想让我们从对种种目标的专注中暂时得到放松。在冥想中，我们会触及自己内心的一处所在，在那里，我们无须做任何事情就臻于完美。与冥想相反的是，我们依附于计划、分析、控制，以及试图让事情按照我们的方式来完成。在冥想中，我们可以仅仅接受自己当下的状况，并将其视为完美。这样我们就会敞开自己，自然而然地发生改变。

我们冥想不是为了变得平静，而只是为了停驻于当下。当我们放下一切阻碍我们停驻于当下的东西——如想法、愿望、期待以及依附时，平静和专注自然就会出现。

静坐冥想通常是盘腿坐着，或坐在椅子上，背部挺直，头部抬起，双手放在大腿或膝盖上，自然而均匀地呼吸，闭着嘴，睁着眼睛。睁眼可以让我们保持停驻于当下的状态，而非让自己拒斥当下的现实。不要盯着地板看，看到即可，而不要专注于它。事实上，不要专注于任何事物，只保持对呼吸的感知。

不要试图摆脱种种思绪，也不要将它们视为干扰。让你的思绪在你的脑海中一闪而过，不要执着于其中的任何一个。简单地观察它们，不做评判，也不依附，就好像它们是电影的一部分一样。

这实际上是一种终身练习的方式：你不必卷入脑中的戏剧性经历。你可以成为自己内心的观察者，不带焦虑或自责，而带着充分的觉知去观察。你可以让发生的事情向你传达信息，而非将你淹没。

当你发现自己的思绪飘忽不定时，给这种状态贴上"思考"的标签，然后回到对呼吸的感知。通过这种方式，你提醒自己可以选择离开你的个人故事情节，回到当下。

如此一来，冥想就可以赋予你力量，让你承认当下的困境是你前进道路上的一盏明灯，从而继续你的生活。这就是当下之所以完美的原因。

## 带来改变的心理修行步骤

1. 放下神经质的自我依附、控制和自以为是。

**不要**："这件事必须按我的方式来完成。"

**而是**："我放下了必须按照我的方式来完成这件事的想法。"

2. 对正在发生的事件、感受和环境无条件地接受："我完全允许这一切发生。我相信这一切，而无须知道原因。"

## 带来转变的灵性自体转换

1. 新的事物出现了，随之而来的是，

2. 根据所我面临的紧急情况采取行动的力量。

3. 现在，我可以凭直觉看到：

我在哪里紧抓不放，因而被困住。

我在哪里可以放下，从而继续前行。

我在哪里表示拒绝，因而中断了我的旅程。

我在哪里表示接受，从而推进我的旅程。

　　我们一生都在等待伟大的日子、伟大的战斗或伟大的作为。但这种外在的成就并不是很多人所能获得的，也不是必须获得的。只要我们面对一切事物的精神都充满激情，那么这种精神就会从我们隐秘、莫名的努力中显现出来。

要想达到这些无价的层次，就要以同样的真实去体验：一个人既需要一切，也不需要任何东西。我们需要一切，因为世界永远不会大到足以满足我们的渴望……而我们又不需要任何东西，因为唯一能满足我们的现实就存在于其镜像之外。然而，在我们与它之间消逝的一切，终究只会以更纯粹的方式将现实还给我们。万物既意味着一切，也意味着虚无。对我而言，万物皆神，万物皆尘。

——德日进

## 13

# 无条件的爱

> 砖石的墙垣不能把爱阻隔，
>
> 爱能做什么，爱就敢尝试什么。
>
> ——《罗密欧与朱丽叶》(*Romeo and Juliet*)

爱是人类最高尚的美德。

爱不受期望、过度需索或想要改变、控制或拯救任何人的欲望所束缚。

爱会放下，从不依附或控制。

爱不会从我们身上夺走什么。当我们分享爱时，它会成倍增长。

任何事物，只要对于爱是正确的，那么对于我们每个人来说也是正确的。

爱与我们恰好是一个奇迹。

我们的自我认同就是无条件的爱。这不是要去实现的东西，而是我们从过去到现在一直以来的样子。我们每个人对它都有着独特的体验。

生活中的每一个选择都支持或否认这一深刻的事实。

每一次冒险都是对爱得更多的挑战。

在我们身上发生的，以及通过我们发生的一切，都与这种爱有关，即与我们如何才能看到它、如何才能表达它有关。

我们之所以成为现在的自己，正是缘于别人对我们所展现的爱。我们成年后的每一个优点，都是爱我们本来样子的人对我们的馈赠，并因此鼓励了我们独特的自我呈现。

我们的本源就存在于这种爱的对话中。因为爱，我们才活着。

爱不是一种情感，而是一种不带感情色彩的"停驻于当下"，即宽容地、无害地、有力地、真实地以及有意识地停驻于当下。

一旦爱意味着有意识地选择无条件停驻于当下，我们就不仅可以爱他人，还可以爱我们生命中的"当下如是"。

爱给了我们勇气，让我们看到"当下如是"，让我们像智者一样看待一切，让我们看到这一切是我们能够获得自由的绝佳困境。荣格建议"肯定事物的本来面目，无条件地给予它们肯定……就是对存在的种种条件的一种接纳。"

每个人、事物或事情都希望我们爱它，当我们爱它时，它就会告诉我们它曾经不愿提及的秘密：一切都是某种不朽的肯定。

我们爱他人的起点是我们理智而无畏地爱我们自己。

当我们照镜子，看到一张惊恐的脸时，我们看到的只是习惯和条件反射。我们的真实形象是等待着被承认的力量和爱。

我们通过表达自己的感受，对自己内心那处自己不喜欢或害怕的所在温柔以待，以及不停留在令人上瘾或虐待性的关系或环境中，来爱自己。我们会走向那能为我们提供抚慰，以及能尊重我们内心的深沉之爱的地平线。

通过这些方式，我们欣然接受自己的命运，在时间中展现我们永恒的爱——正如约翰·多恩（John Donne）的诗句："否则，一位伟大的君王就会身陷囹圄。"

只有爱才能满足我们内心无法言说且无法抑制的渴望。**我们的生活总是会有一种莫名的缺失感，直到产生无条件的爱。只有到了那一刻，我们才会意识到一直以来自己缺失的是什么。只有到了那一刻，沙漠才会绽放花朵。**

爱最令人费解和难以捉摸的奥秘在于，我们完全可以表达爱，却永远无法真正知道自己有多么爱一个人，或者自己被爱得有多么深。

爱比我们所能想象或曾经想象过的还要深邃。

有时，一个眼神、一次抚摸、一句话或一份礼物都会显露出我们意想不到的爱的深度。但即便如此，我们也不了解爱的全部内容，只知道它那异乎寻常的、或持续或短暂的表现。

受到心智的限制，我们没有能力想象或理解爱有多么深邃。我们的行动可以充分表达爱，但我们的心智却无法充分接受爱。

爱是不可言喻的。我们永远无法用语言充分表达我们的爱，因为语言属于思维范畴，而爱是一种生命体验。

这就是爱之所以如此独特而神秘的原因：我们实际上承载并引

导着一种比我们自身更强大的力量。

我们的智慧不足以把握一切现实中最珍贵的东西，这多么令人痛苦和困惑！正如《埃涅阿斯纪》（*The Aeneid*）中的诗句，"万物皆堪落泪。"

我们在灵性之路上走得越远，就越能体会到一切善、一切美，以及一切鼓舞人心的东西——甚至痛苦——其实都是爱。

我们可以享受莫扎特音乐的美妙。然后，有一天，我们会意识到，这种美妙只是他用来将我们带到一个让我们感到被爱之境的巧妙方式。乐曲的旋律抚慰着我们，在有限中释放出无限。

我们发现了音乐的馈赠层面，并在身体中感受到它。我们会发现音乐历久弥新的原因：它展现了爱，并帮助我们接受爱。威廉·布莱克说："我们身处地球上的一小块空间中，或许是为了学会接受爱的光芒。"

然后，我们明白了，音乐是爱的声音，艺术、戏剧和舞蹈是爱的形象。当某样东西仍然有力量打动我们时，那必定一直都是爱，因为爱推动着地球和其他星辰运转。

无论何时何地，在人际关系中、在情爱中、在愉悦他人的过程中、在家庭关系中，以及在任何其他关系中，我们都在寻找无条件的爱。

一直以来，爱就在我们的内心深处，在我们周围的每个地方。我们唯一要寻找的就是那永远属于我们的东西。

在这个令人费解的宇宙中，我们人类之所以如此与众不同，就在于我们从未放弃过爱。

尽管困难重重，尽管不一定会被报之以爱，尽管经历了如此多仇恨与伤害，尽管历史让我们看到了无意义的苦难，我们依然继续去爱。我们可以把每一个缺口都变成一扇门。

爱让我们有能力接受命运为我们选择的一切，并选择以爱作为回报。我们应该为我们拥有这种能力而深感自豪！

我们怎么能怀疑我们在这颗星球上所扮演的角色的特殊性呢？我们有意识且不知疲倦地处理着进化过程中最精细、最温柔的任务：从无到有地创造爱，并让它持续下去，这是我们应得的荣耀。

> 我们得出的经验是人类会继续存在下去。由此我推断，是爱的法则支配着人类。继续努力证明这一点会让我感到不可言喻的喜悦。
>
> ——甘地

# 我的宣言

对于一切已经发生的：感谢！

对于一切将要发生的：欢迎！

——第二任联合国秘书长达格·哈马舍尔德（Dag Hammarskjöld）

**在一天中经常复述这些话语，以释放自己包容、柔软的一面。**

我接受这一现实：这就是我的肉身。

我把自己交给每一个当下和此刻。

我的爱接纳那些为恐惧所拒斥的东西。

我可以做自己的父母，抚育自己。

我让渡的越多，我就越平和。

我做事不再出于"责任和义务"。

我始终可以做出选择。

我自由地行走在大地上。

我拥有力量：我放下对控制的需求。

我放下内疚：我配得上拥有快乐和力量。

我放下徒劳的努力，我所需要的一切都会向我走来。

我做我该做的事，并且相信上天会带我渡过难关。

我拥有我所需要的，并且需要我所得到的。

无论在我身上发生了什么，都是为了我而发生的。

无论在我身上发生了什么，都可以帮助我成长。

当我放下对他人的义务感时，我会更爱他们。

我身上正在发生奇妙的变化，我允许它们发生。

我一直并且已经是我最想成为的人。

我已经克服了对永远不感到满足的恐惧。

我的生活丰富且完整；我本身亦丰富且完整。

我拥有的已足够多，而且非常充裕。

我宽容自己和他人。

我展现我的爱。

我注意、接受并感激他人对我的真实之爱。

我激发他人心中的爱。

每个对我很重要的人都爱我且欣赏我。

我承认，我所欣赏的他人身上的特质正是我自己身上潜藏的特质。

我承认，我所鄙视的他人身上的东西就是我在自己身上否认的那部分。

我将每一个缺陷转化为一种能力。

我对这个星球很重要。

我感谢自己如此富有爱。

我心脏的每一次跳动都在向世界释放爱。

我选择和解与宽恕；我放下复仇的欲望。

我感受到自己内心充盈的爱，并将其释放出来。

我一次又一次地让自己充实。

每个人、每件事都可以教会我一些东西。

我容纳自己的各种感受，并让它们成为我的道路。

上天支持我成为一个快乐的人。

上天支持我的每一次转变。

我在当下是完美的，并尊重真实的自己。

我拥有迈出下一步所需的所有光亮和技能。

我修补与环境的冲突。

我尊重自己当下的困境，并视之为绝佳的困境。

我在这种困境中找到了智慧和力量。

我尊重他人的选择。

我向我的世界播撒同情。

我对自己内心的恐惧温柔以待。

我可以冒险渡过无人支持的时刻。

我可以敞开心扉接受支持。

我可以放下，并继续前行。

我允许自己快乐。

我可以表达自己的诉求，然后顺其自然。

我可以向他人表达自己的诉求，但不强求对方来满足。

我允许别人拒绝我，并将其视为信息。

我放下疏远，从而了解自己需要多大的空间。

我每一天都更爱真实的自己。

我能给予的越来越多。

我得到的越来越多。

我用爱照亮我的世界

我把自己过去的一切都视为完整且完美的。

现在，我以爱和愉悦的心态来看待这一切。


每时每刻，事物的硬度都在消退；

现在，连我的身体都能透出光来。

——弗吉尼亚·伍尔夫

第四部分

# 心智成熟之道

Part Four

Ways to Mature Mind

（14）

# 如何展现你的完整性、爱与善意

愿我以任何可能的方式，

此时此地，时时刻刻，

向所有人，包括我自己，

展现我所有的爱。

因为爱就是我们的本质，

也是我们在这里所要展现的东西。

现在，没有什么比这对我更重要，

也没有什么比这带给我更大的喜悦。

**每周专注于以下承诺中的一项：**

1. 我通过养成健康的生活方式，来关爱自己的身体。我通过在必要时对自己运用心理学，并通过忠实于灵性修行，来关爱自己的心智和灵性。

2. 我尽我所能去信守诺言，履行承诺，并坚持完成我答应去做的任何任务。

3. 无论他人如何待我，我都会竭尽全力在所有交往中恪守诚实、礼貌和尊重的标准。

4. 我不会因任何人有求于我、依附于我、遭受不幸或经济状况不佳而占对方的便宜。我的问题不是"我能逃过怎样的惩罚？"而是"怎样做才是对的？"。

5. 我不断以真正的坦白审视自己的良知。我不仅反思自己可能如何伤害了他人，还反思我可能还没有激活自己的潜质或分享自己的天赋，我可能还在坚持偏见或对报复的渴望，我可能还没有尽我所能地充满爱和包容，并且敞开心扉。

6. 我感谢积极的反馈。我也欢迎任何善意的批评，这些批评让我看到了自己在哪些方面可能不够用心、不够宽容、不够敞开心扉。当有人指责我做作、刻薄或虚假时，我不会去辩解，而是将其视为自己做出改进所需的信息。

7. 我不再需要装模作样，也不再需要塑造一个虚假或过于引人瞩目的人设。现在，我想毫不伪装地做自己，无论多么不讨人喜欢。

8. 我不再试图通过讨好任何人，来获得他们的好感。因为做自己而被爱，比维护或提升那始终摇摇欲坠的自我形象更重要，也更有趣。

9. 当我带着对自己天赋的骄傲，以及对自己局限性的坦然接受真实的自己时，我发现我可以爱自己，并且我变得更加可爱。

10. 我现在衡量自己成功的标准是我拥有多少坚定不移的爱，而不是我在银行有多少存款，我在事业上取得了多大成就，我获得了多高地位，抑或我对他人拥有多大权力。我生活的核心——也是最令人兴奋的焦点——是以我独有的方式去爱，以我力所能及的一切方式去爱，此时此地，无时无刻，随时随地，不将任何人排除在外。

11. 我感念他人爱我的方式，无论多么有限。我不再期望或要求他们完全按照我的意愿来爱我。同时，我始终可以请求得到我所渴望的那种爱的方式。

12. 当记录显示他人值得信任时，我会学着信任对方，同时，无论他人怎样，我都承诺自己始终值得信任。当信任遭到破坏时，如果对方愿意，我总是愿意重建信任。

13. 我对冲突之后与他人和解持开放的态度。同时，我也在学习以爱和不带指责的方式放弃那些不愿意尊重我的人。我可以不带评判地接受他人无故消失或沉默以对，并且我自己不会以这类方式对待他人。

14. 我正在通过学习毫无畏惧或拘束地表达自己的诉求，来变得坚定自信。我的请求不带强迫、期待、操纵或理所当然之感。我尊重他人的节奏和选择，并接受拒绝。

15. 我尊重他人的自由，尤其是我爱的人。我不想利用任何身体、语言或思想的魅力来欺骗或误导任何人。我希望满足他人的诉求。我不试图通过操纵或恐吓他人，来让他们按照我的意愿行事。

16. 我不会故意伤害或冒犯他人。我善待他人，不是为了讨好他们或赢得他们的认可，也不是为了让他们承担义务，而是因为我这样做确实出于善意，或者正在努力做到这一点。如果他人没有感念我或回报我的善意，这并不妨碍我继续释放善意。当我做不到这一点，或者做不到任何一项承诺时，我可以承认错误，做出补偿，并决心下次以不同的方式行事。现在，我在必要时会更从容、更心甘情愿地道歉。

17. 如果偶尔有人伤害我，我可以表达不满，然后要求同对方对话。我可以要求对方做出补偿，但如果对方不愿意，我也可以让这件事过去。无论如何，我不会选择报复、记恨或憎恨任何人。"一报还一报"变成了"但愿因果循环可以帮助他（她）学习和成长"。因此，我更希望他人能够发生转变，而非对他们进行报复。

18. 无论我有多么忙碌或急切，我都会选择耐心且周到地对待他人，而非粗鲁、唐突或不屑一顾。

19. 我正在练习以直接且非暴力的方式表达对不公的愤怒，而非以辱骂、欺凌、威胁、指责、失控、报复或消极的方式。

20. 我注意到，我原谅他人和自己的能力一直在增强。这让我感受到一种喜悦和释然。

21. 我不允许他人虐待我。我希望将他们的尖刻理解为来自他们自身的痛苦，并以一种令人困惑的方式，让我知道他们需要同别人产生联系，但不知道如何以健康的方式提出。我认识到这一点是出于关心，而非谴责或蔑视。我不会对那些伤害过我的人的痛苦或失败幸灾乐祸。"他们活该！"变成了"希望这能帮助他们好起来。"

22. 虽然我有幽默感，但不以冒犯他人为代价。我想用幽默来嘲弄人性的缺点，尤其是我自己的缺点。我不会采用奚落、贬低、冷嘲热讽、斤斤计较或偏执的言论、挖苦或"迅速反驳"。当别人对我使用具有伤害性的幽默时，我希望感受到我们双方的痛苦，并寻找为我们的交流带来更多相互尊重的方法。

23. 我不鄙视任何人。我不会嘲笑他人的错误和不幸，而是想方设法给予他们理解和支持。

24. 我不会当众羞辱他人或让他人难堪。

25. 在对话或小组活动中，我不再那么执着于证明自己是对的或坚持自己的观点。现在，我更愿意倾听和欣赏他人的贡献，同时也在合作对话中分享自己的观点。

26. 我不会因为自己仍然是不大可能出错的业内人士而感到舒服，我想感受到作为外行的痛苦。然后，我就可以伸出援手，把每个人都纳入到我的爱、同情与尊重圈。

27. 在集体场合，当有人受到羞辱、冒犯或严厉批评时，我并不想因为矛头没有指向我而庆幸。我希望通过请求在对话中使用尊重的语气来支持受害者。我知道，为受害者挺身而出可能会让欺凌者迁怒于我，因此我一直在努力提升勇气。

28. 我以智慧的辨别力看待他人和他们的选择，但不带指责。我仍然会留意他人和自己的缺点，但现在我开始将之视为需要处理的事实，而非需要批评或感到羞耻的缺点。接受他人真实的样子比他们是否符合我的期望更加重要。

29. 我避免批评、干涉或提出没有明确诉求的建议。我通过远离那些以这种方式冒犯我的人来顾及自己，同时仍将他们纳入到我的灵性关爱圈。

30. 我从未放弃相信每个人都有与生俱来的善良，并且我对他们的爱可以激发这种善良。

31. 我愿意参加那些让他人感到快乐的无害聚会和联谊活动，例如家庭聚餐或生日会。如果社交或家庭环境开始变得有毒，我会礼貌地退出。

32. 在家庭和工作关系中，我争强好胜的念头越来越淡，我在合作和归属感中找到了快乐。如果我的胜利意味着他人以难堪的方式失败，我就会竭力避免这种情况。

33. 在亲密关系中，我尊重平等，遵守约定，努力解决问题，以尊重和值得信赖的方式行事。我的目标不是利用亲密关系来满足自我，而是在摆脱自我的过程中满足亲密关系。

34. 我和我的伴侣或潜在伴侣可以共同制订这份承诺清单。这些承诺可以成为我们关系的基本准则。这样，我们就找到了实现相互信任的途径。

35. 我希望我的性生活能与我生活中的各个方面一样，遵循完整性、爱与善意的标准。同时，我坚持以负责任的成年人的方式来交往和享受。

36. 面对世界上的苦难，我不会置之不理，也不会陷入对上天或人类的谴责，而是简单地问一句："那么，我该做什么？现在我该如何实践自己的爱与善意？"我不断寻找回应的方式，即使它们微不足道："与其诅咒黑暗，不如点亮蜡烛。"

37. 我关心周围的世界。我想方设法为正义而努力，并承诺自己坚持非暴力。我支持恢复性司法，而非报复性司法。我认为侵犯人权、歧视、核武器、经济不公以及生态掠夺等问题都在召唤我采取行动。我将继续在这些问题上进行自我教育。

38. 带着行星意识，我小心翼翼地行走在地球上，圣文德称之为"对自然事物的礼貌"。

39. 我明白，我所拥有或展现的任何爱或智慧都不是来自于我，而是经由我。我对这些令人鼓舞的恩赐表示感谢，并响应这些恩赐激动人心的召唤。

40. 这些理想正在成为我的个人标准。我相信它们是通往心理和灵性成熟的途径。

41. 当我未能实现这些理想时，我不会苛求自己。我会继续认真修行。我真诚的意图和持续的努力让我感到等同于成功。我不再追求完美，也不再为不完美而惭愧。

42. 我并不因为遵循这份清单而觉得自己高人一等。我也不要求别人遵循它。

43. 我把这份清单分享给那些愿意接受它的人。

44. 我一直希望，有一天，这些承诺不仅能成为个体的生活方式，也能成为国际社会中企业、政治和宗教团体的处事方式。

　　我对今天发生在我身上的一切表示接受，因为这是一个毫无保留地给予和接受爱的机会。

　　愿今天发生在我身上的一切能让我的内心越来越开阔。

　　愿我所想、所言、所感、所做以及所是都能展现对自己、对亲近之人、对众生的爱与善意。

愿爱成为我的人生目标、我的福佑、我的命运以及我的召唤；成为我所能接受或给予的最丰厚的礼物。

愿我始终对那些被认为最无足轻重、感到孤独或迷惘的人尤其抱有同情心。

愿我们所有人共同创造一个充满正义、和平和爱的世界。